Zeit- und Selbstmanagement

Praxistipps für die Steigerung Ihrer Produktivität

Hartmut Sieck

2. Auflage

C.H.BECK

So nutzen Sie dieses Buch

Die folgenden Elemente erleichtern Ihnen die Orientierung im Buch:

> *Beispiele und Übungen*
>
> *In diesem Buch finden Sie zahlreiche Beispiele, die das Gesagte illustrieren. Übungen regen Sie dazu an, das Gelesene umzusetzen.*

Definitionen

Hier werden Begriffe kurz und knapp erläutert.

Checklisten	
Checklisten enthalten konkrete Punkte, um die eigene Arbeitsweise zu überprüfen.	✓

Die Merkkästen enthalten Empfehlungen und hilfreiche Tipps.

Auf den Punkt gebracht

Am Ende jedes Kapitels finden Sie eine kurze Zusammenfassung des behandelten Themas.

Aus Gründen der besseren Lesbarkeit wird die männliche Form verwendet. Entsprechende Begriffe gelten im Sinne der Gleichbehandlung grundsätzlich für alle Geschlechter. Die verkürzte Sprachform hat ausschließlich redaktionelle Gründe und beinhaltet keinerlei Wertung.

Inhalt

Vorwort

Wir verbringen täglich über vier Stunden am Smartphone und zusätzlich noch drei bis vier Stunden vor dem TV (inkl. Streaming). Dafür unterhalten sich deutsche Ehepaare nur noch acht Minuten am Tag. In einem einzigen Jahr verbringt ein Durchschnittsdeutscher mehr Zeit vor dem TV als im gesamten Leben mit Küssen. Ist das nicht traurig?

Erste Unternehmen führen den Vier-Stunden-Tag ein und schaffen in dieser Zeit genauso viel wie an einem ganzen Tag. Ich erlebe immer wieder Mütter, die halbtags arbeiten und in dieser Zeit durchaus dasselbe schaffen, wie andere an einem ganzen Tag. Dagegen arbeiten Japaner bis zum Umfallen, und kommen erst sehr spät nachts aus dem Büro.

Bill Gates hat dies in einem Social-Media-Post auf den Punkt gebracht: ***„Busy is the new stupid!"***

Die Kernfrage lautet also: Sind Sie schon produktiv oder doch nur beschäftigt?

Was machen sehr produktive Menschen anders? Mit welchen (durchaus einfachen) Techniken können Sie noch produktiver werden? Genau um diese Techniken und Praxistipps geht es in diesem Buch.

Alle Tipps setze ich persönlich um, um

1. meinen Tag zu strukturieren,
2. sicherzustellen, dass ich die richtigen Dinge tue,
3. den Überblick zu behalten,
4. produktiv zu sein und
5. am Abend mit mir zufrieden den Tag zu beschließen.

Haben Sie Lust an diesen 5 Punkten mit mir gemeinsam zu arbeiten? Dann los.

Aber Achtung: Menschen sind auch Gewohnheitstiere und mögen Veränderungen nur bedingt. Und genau hier lauert die größte Gefahr auf dem Weg zu mehr Produktivität.

Wenn Sie die Dinge weiter so machen, wie Sie sie bisher gemacht haben, kommen Sie genau dorthin, wo Sie heute sind. Wollen Sie etwas anderes erreichen, müssen Sie die Dinge anders machen!

Überwinden Sie Ihren eigenen Schweinehund, der uns auch gerne mit einigen Weisheiten des Lebens zu lenken versucht: Das geht bei mir nicht! Das haben wir noch nie so gemacht! Bei anderen mag das ja so gehen, aber bei mir?

Ich lade Sie recht herzlich ein, diese Techniken auszuprobieren und für ein paar Wochen zu testen. Danach können Sie bewusst eine Entscheidung für oder gegen die im Buch aufgezeigten Methoden treffen.

Ich wünsche Ihnen viel Erfolg bei der Umsetzung,

Ihr Hartmut Sieck — Benningen, im Februar 2024

Ihre Hebel für mehr Produktivität: Der perfekte Tag!

Auch wenn wir sehr unterschiedlichen Jobs und Aufgaben nachgehen, haben sich für mich doch einige sehr wichtige Techniken, Tipps und Tricks herausgestellt, die jeder nutzen kann, um produktiver, gelassener und gleichzeitig zufriedener zu werden. Mit diesem ersten Kapitel lade ich Sie ein, Ihren Tag bewusster zu strukturieren. Sie finden unter anderem eine Reihe von Produktivitätsbeschleunigern, die ich bei erfolgreichen Menschen immer wieder beobachten kann und die auch mir bedeutend geholfen haben.

Wochen-Check-in

Studien belegen, dass wir produktiver sind, wenn wir uns zu Beginn einen Überblick verschaffen und erst dann mit vollem Tatendrang durchstarten. Daher startet meine Woche immer mit einem Wochen-Check-in.

Am Montagmorgen nehme ich mir bewusst eine Stunde Zeit, um die Woche zu planen. Dazu nutze ich eine Checkliste, die bei mir aus folgenden Punkten besteht:

Checkliste	
Welche Termine stehen diese Woche an und muss noch etwas getan werden, um diese vorzubereiten?	✓
Hast Du Zeit eingeplant, um die Veranstaltungen der nächsten Woche vorzubereiten?	
Welches Thema wirst Du auf LinkedIn als Post veröffentlichen? Wann wirst Du den Post schreiben?	
Welches Thema wirst Du auf YouTube veröffentlichen? Wann wirst Du das Video dazu drehen?	

In meinen Seminaren habe ich auch Teilnehmer kennengelernt, die diesen Wochen-Check-in am Freitagnachmittag als Abschluss der Woche nutzen.

Jeder Tag startet mit einem Espresso und einem kurzen Check-in

Zu viele Menschen starten ihren Tag direkt mit Terminen. Nehmen wir an, Sie kommen kurz vor 9 Uhr ins Büro oder HomeOffice und wenige Minuten später startet der tägliche Wahnsinn bereits mit der ersten Besprechung. Was ist die Konsequenz? Meist werden dann in der Besprechung noch nebenbei die E-Mails gecheckt und mit Schrecken wird festgestellt, dass ein Kunde oder ein Kollege ganz dringend eine Rückmeldung braucht. Oder: Spätestens um 9:30 Uhr klingelt das Smartphone und der besagte Kollege oder Kunde fragt an, wo denn die wichtige Antwort bleibt. Wenn Sie Ihren Tag so starten, dann sind Sie bereits von der ersten Minute an ein Getriebener und reagieren nur noch, anstatt zu agieren.

Meine klare Empfehlung an Sie: Wenn Sie wissen, dass Sie jeden Tag gegen 8:30 Uhr ins Büro kommen oder HomeOffice starten, dann legen Sie sich im Outlook eine Terminserie an: Täglich von 8:30 bis 9 Uhr „Check-in, E-Mails, Aktuelles und Co.".

Diese erste halbe Stunde – meine Check-in-Zeit – ist für folgende Aufgaben reserviert:

- Die Tagesplanung überprüfen, inwieweit Sie durch neue A-Aufgaben (Krankmeldungen im Team, Maschinenstillstand beim Kunden etc.) Ihre Prioritäten, Termine und Aufgaben des Tages neu planen müssen.
- Oder einen Überblick über eingegangene E-Mails und Telefonate verschaffen.
- Kleine Anfragen und Rückfragen werden sofort erledigt.

Wenn Sie diese erste halbe Stunde als Termin im Outlook haben, hat das den entscheidenden Vorteil, dass Sie für Außenstehende als beschäftigt sichtbar sind und Ihnen damit niemand den ersten Termin des Tages zu früh einstellt.

Wenn Sie für sich feststellen, dass Sie keine 30 Minuten brauchen, dann kürzen Sie die Zeit. Wichtig ist, dass Sie ein Zeitfenster für sich persönlich geblockt haben.

Übung: Reflexion

Wie sehen die ersten Minuten Ihres Tages aus? Gehören diese wirklich Ihnen oder sind Sie von der ersten bis zur letzten Minute ein Getriebener? Wann nehmen Sie sich die Zeit, Ihren Tag kurz durchzuplanen?

Wer seinen Biorhythmus kennt, kann ihn nutzen

Lassen Sie uns den nächsten Tipp mit einer kleinen Übung starten:

> *Übung*
>
> *Nehmen Sie bitte ein leeres Blatt Papier und zeichnen Sie zwei Achsen auf. Die x-Achse (die horizontale) ist die Zeit von 5 bis 22 Uhr. Auf der y-Achse (die senkrechte) tragen Sie die Leistungsfähigkeit ein. Die Frage lautet nun: Wann sind Sie besonders leistungsfähig? Gehen Ihnen Dinge eher morgens oder am Abend leicht von der Hand? Haben Sie mittags auch so ein Suppenkoma wie ich?*

Die meisten Menschen sind morgens sehr leistungsfähig. Nach dem Mittagsessen sind wir eher etwas träge und am späten Nachmittag geht es dann noch einmal richtig rund.

Aus dieser Beobachtung ist auch eine Grundregel im Zeitmanagement entstanden:

Morgens gilt es konzentriert zu arbeiten (Kopfarbeit).

Am Nachmittag geht es mehr um Kommunikation und Team-Meetings!

Wenn Sie Ihren Biorhythmus kennen, können Sie ihn auch bewusst für sich nutzen.

Beispiel

- *Macht es wirklich Sinn, ein kommunikatives Team-Meeting morgens für 9 Uhr anzusetzen oder wäre es nicht besser, dieses als Mittags-Espresso durchzuführen?*
- *Sollten Sie eine komplexe Aufgabe eher am Vormittag oder eher am Nachmittag erledigen?*
- *CC-E-Mails mögen durchaus wichtig sein, aber müssen Sie diese in der produktiven Zeit am Morgen lesen, oder reicht es auch aus, das im Suppenkoma zu tun?*

Das „One Thing" des Tages am Morgen erledigen

Gary Keller hat ein sehr gutes Buch mit dem Titel *„The One Thing: The Surprisingly Simple Truth Behind Extraordinary Results"* veröffentlicht. Im Kern steckt in diesem Buch eine hervorragende Radikalität für Erfolg. Viele Menschen erstellen sich wunderschöne lange Aufgaben-(To-do)-Listen, die man heute noch abarbeiten könnte, müsste, sollte. Am Ende klingelt dann wieder das Telefon oder Outlook blinkt mit neuen Nachrichten auf, sodass wir uns schnell von neuen Dingen ablenken lassen. So sind im Ergebnis viele dann wieder nur beschäftigt:

„When everything feels urgent and important, everything seems equal. We become active and busy, but this doesn't actually move us any closer to success. Activity is often unrelated to productivity, and busyness rarely takes care of business."

Vergessen Sie lange To-do-Listen und fokussieren Sie sich auf die eine Aufgabe mit dem größten Hebel. Diese wird dann ohne Ablenkung zuerst erledigt. Alles andere muss warten!

Was heißt das jetzt für die Praxis?

Beispiel

Nehmen wir an, Sie müssen heute noch ein sehr wichtiges Angebot schreiben und haben dieses dem Kunden für heute Abend 17 Uhr versprochen.

Im Kalender haben Sie für heute lediglich einen festen Termin von 10 bis 12 Uhr (ein Online-Meeting) stehen. Wann schreiben Sie das Angebot?

Lassen Sie uns das Beispiel mal konsequent durchdenken. Sie haben im Kern zwei Möglichkeiten:

1. Sie schreiben das Angebot noch vor Ihrem Termin, der um 10 Uhr beginnt.
2. Sie schreiben das Angebot nach Ihrem Termin, der um 12 Uhr endet

Lassen Sie uns zuerst Option 2 ansehen. Wie sitzen Sie in dem Online-Meeting, wenn Sie wissen, dass Sie nachher noch ein wichtiges Angebot schreiben müssen? Wahrscheinlich sind Sie gedanklich schon halb beim Angebot und trommeln gefühlt mit den Fingern auf dem Tisch, dass dieses unnötige Meeting doch schnell vorbeigehen soll. Haben Sie diese Situation auch schon einmal so erlebt?

Wie sieht die Situation aber bei Option 1 aus? Sie haben das Angebot schon fertig geschrieben und plötzlich ändert sich alles. Sie sitzen „relaxt" im Online-Meeting, und sind zu 100 Prozent im Meeting.

Spüren Sie diesen Unterschied? Die One-Thing-Technik hat meine Produktivität radikal verändert! Seitdem ich das Wichtigste gleich am Morgen erledige, bin ich wesentlich produktiver und gleichzeitig gelassener.

Machen Sie dazu die folgende Übung:

Übung: Reflexion

Gehen Sie in die Reflexion und überprüfen Sie Ihr Tun der letzten Tage. Hatten Sie immer ein klares „One Thing" und haben dieses gleich am Morgen, konzentriert und ohne Ablenkungen erledigt? Wie werden Sie zukünftig die „One Thing"-Technik in Ihren Arbeitsalltag integrieren?

Aufgaben priorisieren: wichtig vor dringlich

Wer Aufgaben priorisieren will, kommt im Zeitmanagement gefühlt um das Entscheidungsraster nach Dwight D. Eisenhower (1890–1969) nicht herum.

Dabei wird zwischen Dringlichkeit und Wichtigkeit genau unterschieden. Was dringend und wichtig ist, sollen wir sofort machen.

Entscheidungsraster nach Dwight D. Eisenhower (1890 – 1969)

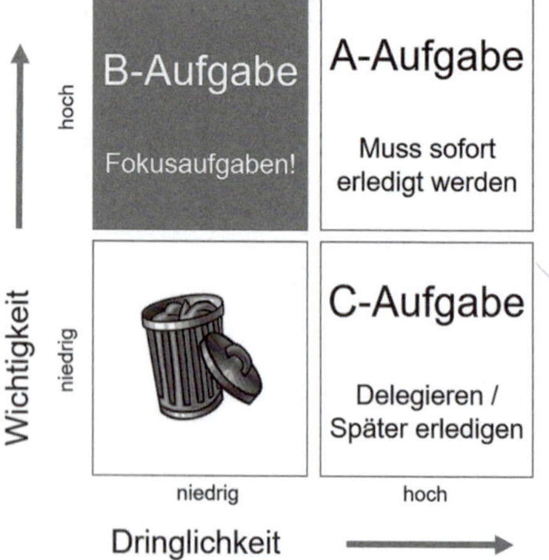

Beispiel

Neulich schlief ich seelenruhig im Hotel, bis plötzlich der Feueralarm ausgelöst wurde und alle Gäste aufgefordert wurden, das Hotel zügig zu verlassen.

Das war definitiv eine A-Aufgabe, die dringend und wichtig war und für die ich alles andere sofort niedriger priorisiert habe.

Aber merken Sie etwas? Hatte ich das Zepter wirklich selbst in der Hand oder war ich in diesem Moment fremdgesteuert? Richtig, ich war fremdgesteuert. Und genau aus dieser Situation wollen wir raus.

Beispiel

Bleiben wir kurz im Hotel: Morgens wird noch in Ruhe gefrühstückt, anschließend der Koffer gepackt und jetzt heißt die nächste A-Aufgabe „Auschecken". Dringend, weil ich gleich zur Bahn muss und wichtig, weil ich ohne Check-out die Polizei im Nacken habe. Aber was passiert jetzt? Es ist Freitag und viele Gäste wollen auschecken. Ich finde eine lange Schlange an der Rezeption vor. Die Konsequenzen sind lange Wartezeit, wenig Puffer, dafür viel Hektik. Wäre es nicht geschickter gewesen, ich hätte gleich am Vorabend die Rechnung bezahlt und müsste jetzt nur noch den Schlüssel auf den Tresen legen?

Genau das ist das Geheimnis von vielen erfolgreichen Menschen. Sie kümmern sich weniger um die A-Aufgaben, sondern mehr um die sogenannten B-Aufgaben, die sehr wichtig, aber eben noch nicht dringend sind. Daher zahle ich meine Hotelrechnungen immer bereits am Vorabend oder direkt nach dem Frühstück am Abreisetag.

Reduzieren Sie Ihre A-Aufgaben, indem Sie rechtzeitig an den wirklich wichtigen Dingen arbeiten. C-Aufgaben sollten nicht auf dem Radarschirm liegen.

Nachfolgend finden Sie Inspiration an B-Aufgaben aus dem täglichen Leben:

Beispiel

- *Als Familie bereits am Abend den Frühstückstisch decken.*
- *Als Geschäftsreisender bereits drei Monate vor Ablauf der Kreditkarte eine neue Karte bestellen. So vermeiden*

Sie zum Beispiel Ärger, wenn Sie ein Hotel buchen, das Sie erst in vier Monaten benötigen, aber bereits heute mit einer dann gültigen Kreditkarte bestätigen müssen.

- *Die Gültigkeit des Reisepasses ein halbes Jahr vor dem Urlaub kontrollieren.*
- *Das Angebot für einen Kunden, das eigentlich erst am Freitag fertig sein muss, bereits am Donnerstag fertigstellen.*
- *Eine eigene Deadline für die Bachelorarbeit eine Woche vor dem offiziellen Abgabetermin setzen.*

Machen Sie dazu die folgende Übung:

Übung: Reflexion

Gehen Sie in die Reflexion und überprüfen Sie Ihr Tun der letzten Tage sowie Ihre Planung für die nächste Woche. Welche A-Aufgaben hätten Sie auch früher – und damit stressfreier – angehen können? Was sind Ihre Top B-Aufgaben für die nächste Woche?

Möglichst keine To-do-Liste, sondern der Kalender ist mein Planungsinstrument

Zeitmanagement ohne Aufgaben und To-do-Listen? Das ist doch ein Scherz, oder? Aufgabenlisten sind eigentlich eine klasse Sache und ehrlich gesagt nutze ich auch eine solche Liste, um kleine Aufgaben festzuhalten. Aber vielleicht kennen Sie auch dieses Phänomen, dass wir uns immer mehr Aufgaben auf der To-do-Liste notieren und irgendwie diese Liste jeden Tag länger wird, weil wir gefühlt nicht dazu kommen, diese abzuarbeiten. Woran liegt das? Spätestens durch und nach Corona füllt sich für viele von uns der Kalender mit immer mehr Online-Besprechungen via Teams, Zoom und Co. Daneben haben wir auch noch ein paar private Termine und etwas Pause muss ja auch mal sein. Kurzum: Der Tag verfliegt wie im Fluge, nur die Aufgabenliste ist voller denn je.

Was ist jetzt die Lösung? Wir haben als Menschen 24 Stunden Zeit am Tag, die wir mit irgendetwas füllen können und auch jeden Tag füllen werden. Wenn Sie diesen Satz einmal reflektieren, gibt es nur eine logische Konsequenz:

Planen Sie Ihre Aufgaben im Kalender!

Beispiel

Anstatt eine Aufgabe mit dem Titel „Angebot xx für Firma Müller schreiben" auf eine To-do-Liste zu schreiben, setze ich mir bewusst einen Termin im Kalender. Wann werde ich mir eine Stunde Zeit nehmen, um das Angebot auch wirklich zu schreiben.

Ist mein Tag komplett verplant und muss noch etwas Neues ganz dringend kurzfristig erledigt werden, dann muss eine alter Zeitblocker für eine andere Aufgabe bewusst verschoben werden. Auf der Aufgabenliste hätte ich einfach nur eine Aufgabe hinzugefügt und am Ende wieder mal mehr Zeit im Büro verbracht.

Ich plane heute mein Leben und meine Aufgaben fast ausschließlich im Kalender und nutze Aufgabenliste so gut wie gar nicht mehr. Probieren Sie es aus! Es wird Ihr Leben und Ihre Produktivität radikal verändern.

Termine radikal kürzen

Ein typischer Arbeitstag, eine typische Besprechung: Um 10 Uhr startet das wöchentliche Teammeeting, um die aktuellen Projekte durchzusprechen. In dem schönen Besprechungszimmer gibt es frischen Kaffee, Obst und Butterbrezeln. Was glauben Sie, wie lange dauert diese Besprechung? Sie ahnen es, sie wird so gegen 12 Uhr (Kantinenzeit in Deutschland) zu Ende gehen.

Gleiche Aufgabenstellung, aber eine andere Konstellation: Die Besprechung startet um 11:30 Uhr. Es gibt Wasser, aber keine Säfte und keine Snacks. Was glauben Sie, wie lange dauert diese Besprechung? Sie wird vermutlich gegen 12:15/12:30 Uhr enden. Denn würde die Besprechung auch zwei Stunden dauern, gäbe es nichts mehr in der Kantine. Da weniger Zeit zur Verfügung steht, wird die Besprechung schneller und effizienter durchgeführt. Weniger Selbstbeweihräucherung und mehr Fokus auf das Wesentliche.

Hinter diesem Phänomen steckt das **Parkinsonsche Gesetz.**

Das Parkinsonsche Gesetz:

Dinge benötigen die Zeit, die wir ihnen einräumen.

Das Gleiche gilt für alle Bereiche des Lebens:

- Den perfekten Urlaub, das perfekte Auto, den perfekten Partner finden.
- Ein technisches Problem googeln.
- Ein Buch schreiben.
- Die neue Firmenstrategie erarbeiten.
- Eine neue Präsentation erstellen.

Ohne klare Zeitvorgaben bzw. Zeitfenster verlieren Sie unheimlich viel Zeit und sind somit sehr beschäftigt, aber nicht sonderlich produktiv.

- Besprechungen, die Sie bisher auf zwei Stunden angesetzt hatten, schaffen Sie auch in einer Stunde. Stellen Sie sich und den Teilnehmern auch gerne die direkte Frage: Wie müssen wir unsere Besprechung ändern, damit wir die Themen auch in der Hälfte der Zeit durchbekommen?
- Starten Sie Ihre Internetrecherche direkt vor einem festen Termin, sodass Sie gar nicht erst in Versuchung kommen, unendlich lange zu „surfen". Wenn Sie es bis zu dem Zeitpunkt des Termins nicht geschafft haben, muss eine andere Lösung her.
- Für den perfekten Urlaub beauftragen Sie das Reisebüro, Ihnen drei Alternativen nach klaren Vorgaben auszuarbeiten.

Machen Sie zum Parkinsonschen Gesetz die folgende Übung:

Übung

Wo haben Sie in den letzten Tagen und Wochen Zeit verloren, weil Sie den Dingen zu viel Zeit eingeräumt haben? Bei welchen drei konkreten Anlässen bzw. Aufgaben werden Sie das Parkinsonsche Gesetz zukünftig anwenden und die zur Verfügung stehende Zeit radikal reduzieren?

Kein Multitasking

Ich kann mich noch sehr gut an eine Situation im Büro erinnern:

Beispiel

Ich schreibe eine E-Mail an meinen Kunden Herrn Müller. Vor mir steht schon parallel eine Teamkollegin und hat nur schnell mal eben eine Frage, die ich natürlich nebenbei beantworten kann. Das Ergebnis: Ich habe in der Anrede meiner E-Mail Mann/Frau verwechselt und aus Herrn Müller wurde Frau Müller. Der Kunde fand es nicht so witzig.

Wenn ich zurückdenke, könnte ich Ihnen noch viele Beispiele aufführen, bei denen Multitasking komplett schief ging. In einer Workshop-Pause bin ich auf dem Weg zur Toilette schon die letzte Treppenstufe heruntergefallen, weil ich nebenbei noch schnell meine E-Mails checken wollte.

Haben Sie schon einmal an einem Online-Meeting teilgenommen und parallel etwas anderes gemacht?

Haben Sie während der Autofahrt schon einmal telefoniert und dann die Autobahnausfahrt verpasst?

Multitasking funktioniert nicht!

Was immer Sie tun, tun Sie es zu 100 Prozent.

Machen Sie Pause zu 100 Prozent, nicht nebenbei!

Sind Pausen eigentlich wichtig? Eine rhetorische Frage, oder? Aber mal Hand aufs Herz: Machen Sie wirklich Pause oder haben Sie im Homeoffice auch schon einmal schnell etwas nebenbei am Rechner gesnackt und dabei weitergearbeitet?

Wenn Sie Mittagspause machen, dann machen Sie wirklich zu 100 Prozent Pause. Genießen Sie das Essen, die Unterhaltung mit den Teamkollegen oder der Familie und gehen Sie bewusst einmal raus an die frische Luft.

Halten Sie Ihren Kopf frei: Notieren Sie Gedanken umgehend

Haben Sie die folgende oder eine ähnliche Situation auch schon einmal erlebt?

Beispiel

Sie machen gerade irgendetwas und plötzlich schießt Ihnen ein Gedanke durch den Kopf: Mensch, ich muss heute Abend noch Deo mitbringen, wenn ich einkaufen gehe.

Es ist Abend und Sie gehen einkaufen und plötzlich fragen Sie sich: Irgendetwas wollte ich noch mitbringen, aber was?

Der Autor David Allen („Getting things done“) hat dazu einen einfachen, aber genialen Tipp: Wann immer dir ein Gedanke durch den Kopf geht, schreibe ihn sofort auf und halte deinen Kopf frei.

Ich mache das in meinem OneNote-Notizbuch. Selbstverständlich könnten Sie dazu auch ein Post-it oder ein Blatt Papier nutzen. Wenn Sie das machen, werden Sie plötzlich feststellen, dass Sie wesentlich entspannter durch den Tag gehen. Sie wissen, dass Sie nichts mehr vergessen können und verbrauchen keine Hirnleistung dafür, dass Sie sich noch jede Menge Dinge merken müssen.

30 Minuten-E-Mail- und Co.-Zeitfenster

Sind Sie auch ständig online? Instagram, WhatsApp, Facebook, LinkedIn, XING, Jabber, Tinder und ach ja, E-Mails sind da ja auch noch. Das Phänomen der heutigen Zeit heißt Multitasking. Als Konsequenz daraus sind wir ständig und nebenbei damit beschäftigt, unsere Nachrichten zu bearbeiten.

Der wichtigste Produktivitäts-Tipp lautet:

Nehmen Sie sich bewusst Zeit für die sozialen Netzwerke, aber eben nicht 24 Stunden am Tag. Checken Sie morgens, mittags und abends kurz den Newsfeed und die Updates. Aber dazwischen bleiben die Apps tabu und auch die Benachrichtigungen werden ausgeschaltet.

Für die Bearbeitung von E-Mails im Berufsumfeld haben sich zwei einfache Techniken herausgestellt, mit denen viele ihre Produktivität gesteigert haben:

- Arbeiten Sie E-Mails in Blöcken ab!
  Sie werden erstaunt sein, wie viele E-Mails Sie wirklich abarbeiten können, wenn Sie konzentriert 30 Minuten nur E-Mails bearbeiten.
- Schalten Sie Outlook in dieser Zeit auf offline!
  Stellen Sie sich vor, Sie arbeiten konzentriert an Ihren E-Mails, aber alle zwei Minuten kommt wieder etwas Neues rein. Woran arbeiten Sie? Richtig, wir lassen uns dann schon wieder gerne von den neuen E-Mails leiten und uns unsere Arbeitszeit diktieren. Daher schalten Sie auf offline und arbeiten Sie Ihren Posteingang leer.

Wann und wie häufig Sie an Ihren E-Mails arbeiten, hängt natürlich stark von Ihrer Tätigkeit ab. Ich persönlich habe drei Zeitfenster, die ich aktiv nutze: Morgens in meiner ersten halben Stunde, mittags nach dem Essen und dann noch einmal gegen Abend. Dazwischen gehört meine kostbare Zeit meinen wirklich wichtigen produktiven Aufgaben.

Wie können Sie jetzt diese 30 Minuten-E-Mail-Zeit am besten nutzen?

Aus dem Buch „Wie ich die Dinge geregelt kriege: Selbstmanagement für den Alltag" von David Allen (Originaltitel „Getting things done") stammt die berühmte Zwei-Minuten-Regel:

Jede E-Mail und jede Aufgabe, die ich in weniger als zwei Minuten erledigen kann, wird sofort komplett bearbeitet.

Für alle anderen E-Mails gilt:

- E-Mail sofort löschen (wenn ich diese nicht aufbewahren muss).
- E-Mail in einem Outlook-Ordner ablegen.
- E-Mail weiterleiten bzw. delegieren.
- Und für den Rest gilt: Aus der E-Mail wird ein Termin (weil es sich um eine komplexere Aufgabe handelt) oder ein Aktionspunkt (eine Kleinigkeit, die aber erst später erledigt werden kann oder muss, dann mit einem festen Fälligkeitstermin).

Übung

- *Wie häufig und wann können Sie am besten Ihre E-Mails konzentriert in einem Block abarbeiten? Was können Sie tun, um Ihre Arbeitsweise zu optimieren, sodass Sie E-Mails nicht zwei- oder mehrfach öffnen und anlesen?*
- *Was können Sie tun, um Ihre Social-Media-Zeiten zu reduzieren und damit weniger zu verplempern? Überprüfen Sie dazu an Ihrem Smartphone, wie viel Zeit Sie letzte Woche für die Medien „geopfert" haben!*

Ablenkungen radikal reduzieren

Ablenkungen sind einer der Produktivitätskiller.

> *Beispiel*
>
> *Auf dem Sperrbildschirm erscheint eine neue Benachrichtigung. Zum Beispiel der Eingang einer WhatsApp-Nachricht oder auch ein Angebot Ihrer Shopping-App. Was tun Sie, wenn es brummt und blinkt?*

Wir Menschen können gar nicht anders, als auf diese kleinen Reize und Ablenkungen zu reagieren. Diese Ablenkung mag nur kurz sein, aber sie reißt Sie eben aus Ihrer eigentlichen Arbeit raus. Schnell geht der ursprüngliche Gedanke verloren und wir müssen uns wieder neu ins Thema hineindenken. Man geht davon aus, dass diese Ablenkungen in Summe bis zu 30 Prozent mehr Zeitaufwand führen. …

Die Lösung:

- Möglichst alle Benachrichtigungen auf dem Smartphone deaktivieren.
- Das Smartphone mit dem Bildschirm nach unten legen oder noch besser es aus dem Arbeitsraum verbannen, wenn Sie konzentriert an etwas arbeiten wollen.
- Benachrichtigungen auf dem PC, wie der Eingang einer E-Mail deaktivieren (siehe Tipps zu Outlook).

„Nein" sagen gehört dazu

Im täglichen Leben sagen wir zu vielen Anfragen, Aufgaben, Ablenkungen und Bitten einfach „Ja". Die Konsequenz ist, dass wir dadurch viel Zeit in Dinge investieren, die uns beschäftigen, die uns aber nicht besonders produktiv machen. Hier ein paar Beispiele aus der Praxis:

> ### *„Nein" zum Kunden sagen*
>
> *Ein potenzieller Kunde ruft mich an und interessiert sich für ein Training. Am Ende des Telefonats kommt die klassische Aussage: „Herr Sieck, könnten Sie mir das gerade besprochene in ein Angebot packen?" Meine Antwort: „Wozu brauchen Sie genau das Angebot? Die Vorgehensweise haben wir gerade besprochen und meine kommerziellen Konditionen sind ganz einfach. Diese bestehen nur aus einem einzigen Preis!" Mein „Nein" zu seiner Angebotsaufforderung führte wozu? Eine kurze E-Mail mit einigen Eckdaten reichte aus und zwei Stunden später war die Beauftragung da.*

> ### *„Nein" zum Chef sagen*
>
> *Eine andere Situation: Zu meiner Zeit als Führungskraft in der Industrie habe ich mir eine Assistentin mit einem Kollegen geteilt. Jeder von uns hat der Assistentin immer wieder Aufgaben (schlecht delegiert) zugeworfen, so nach dem Motto „Können Sie mal Folgendes erledigen?" „Ich brauche noch die Unterlagen für das Meeting morgen." Unsere Assistentin hat dabei jeden Auftrag von uns sofort mit einer hohen Priorität versehen, da er ja vom Chef kam. Die Konsequenz: Lange Arbeitstage! Irgendwann*

stand sie dann bei mir im Zimmer und sagte mit Tränen in den Augen: „Ich kann nicht mehr!" Als Führungskraft haben wir definitiv den Fehler gemacht, dass wir schlecht delegiert haben. Ihr Fehler war, dass sie nie „Nein" gesagt hat. Beispiel: „Lieber Herr Sieck, ich muss für den Herrn Schmid auch noch folgende Dinge erledigen. Alles werde ich bis heute Abend nicht schaffen. Was muss zuerst getan werden?"

Nehmen Sie nicht alles, was vom Chef kommt, per Definition mit hoher Priorität an. Als Chef kann ich Ihnen sagen, dass wir eher schlecht delegieren und stets davon ausgehen, dass Sie genug Ressourcen zur Durchführung haben. Es sei denn, Sie geben mir eine andere Rückmeldung. Daher: Sagen Sie höflich „Nein"!

Beispiel

Noch eine letzte Geschichte: Ein Mitarbeiter eines Internetportals meldet sich bei mir und bittet mich um einen kurzen Gastbeitrag. Nach ein paar Rückfragen stellt sich schnell heraus, dass ich mein entsprechendes Buch nicht direkt dort im Beitrag bewerben dürfte und dass die Reichweite des Portals recht begrenzt ist. Meine konsequente Antwort: „Nein" zu einem neuen Beitrag, aber „Ja" zu: „Gerne kann ich Ihnen folgenden – bereits fertigen – Beitrag zuschicken!"

Wenn Sie wirklich produktiver werden wollen, müssen Sie mehr „Nein" sagen. Ansonsten werden Sie schnell zum Liebling der Abteilung, bei dem jeder alle unangenehmen Aufgaben abgeben kann. Dadurch werden Sie immer mehr Arbeit anhäufen, die nicht Ihrer Kernaufgabe entspricht!

Peter Kreuz und Anja Förster haben diesem Thema ein eigenes Buch gewidmet. Der Titel: „NEIN". Eine Kernaussage aus dem Buch: Wir sagen den ganzen Tag „Ja" zu vielen Dingen, verdrängen dabei aber, dass wir gleichzeitig „Nein" zu anderen Dingen sagen: „Ja" zum klingelnden Telefon und „Nein" zu der Aufgabe, an der wir eigentlich gerade dran waren.

Jedes „Ja" bedingt auch ein „Nein"!

Stellen Sie sich dazu die folgende Frage:

Übung

Zu welchen drei konkreten Dingen werden Sie zukünftig „Nein" sagen?

Perfektionismus killt Produktivität

Erinnern Sie sich noch an die 80/20-Regel? Sie geht auf Vilfredo Pareto (1848–1923) zurück, der sich unter anderem mit der Einkommensverteilung in der Bevölkerung befasst hat. Dabei fand er heraus, dass diese ungleichmäßig verteilt ist. Daraus entstand die berühmte 80/20-Regel, auch „Pareto-Prinzip" genannt.

Dazu ein paar typische Beispiele:

Ist es wirklich notwendig?

Max Mustermann schreibt eine E-Mail an einen Kunden. Die E-Mail ist eigentlich fertig, aber er macht noch schnell eine Korrekturlesung. Doch jetzt kommt das Faszinierende:

Max Mustermann will seine Aufgaben immer fehlerfrei, perfekt, ordentlich und schön machen. Als Konsequenz fängt er jetzt an, die E-Mail in Teilen umzuschreiben, zu verschönern. Nicht, dass er etwas am Inhalt ändert, es geht hier einfach um den Anspruch, eine perfekte E-Mail an den Kunden zu schicken. Die Konsequenz ist klar: Er braucht für diese E-Mail wieder wesentlich länger. Mit 20 Prozent Zeitaufwand hatte er die E-Mail bereits fertig gehabt. Zu diesem Zeitpunkt war sie inhaltlich auch schon ausreichend gut. Dann fing er an, die letzten 20 Prozent anzugehen. Er wollte die E-Mail super gut machen. Der Zeitaufwand dafür beträgt 80 Prozent. Jetzt kommt die alles entscheidende Frage: Muss das wirklich sein? Merkt das der Kunde oder hat er nur Zeit verplempert?

Perfektionismus lähmt

Ich durfte ein Zeitmanagement-Seminar im Produktionsumfeld halten. Die Führungskräfte hatten jeden Morgen ein kurzes Jour fixe, um den aktuellen Status der Produktion durchzusprechen. Einige Führungskräfte machten zur Vorbereitung auf dieses tägliche Meeting ihre Analysen zu 120 Prozent korrekt (Analysen bis auf die vierte Nachkommastelle). Das kostete natürlich Zeit. Für Entscheidungen im Meeting hätte es auch die erste Nachkommastelle getan.

Auch das Zitat von Mark Zuckerberg, ***„Done is better than perfect.“***, unterstreicht die Idee, dass Perfektionismus oft kontraproduktiv sein kann. Es betont die Wichtigkeit, Entscheidungen zu treffen und Dinge zu erledigen, auch wenn sie nicht perfekt sind, anstatt unnötig viel Zeit auf die Perfektion zu verwenden, die letztendlich das Vorankommen behindern kann.

Übung

Bei welchen Aufgaben können Sie tagtäglich noch mehr auf Pareto setzen und mit weniger Aufwand ein ausreichendes Ergebnis erzielen? Wo hören Sie auf, zu früh den Tod der Schönheit zu sterben, weil Sie zum Beispiel schon an den Animationen in der PowerPoint-Präsentation arbeiten, obwohl die Inhalte noch gar nicht final stehen?

Effektivität kommt vor Effizienz!

Wer den Begriff „Produktivität" googelt, findet schnell folgende Formel:

Produktivität = Output / Input

Nach dem Studium habe ich als Softwareentwickler gestartet. Im Team hatten wir einen älteren Kollegen. Christian startete den Tag mit zwei Stunden Zeitunglesen, gefolgt von einer Frühstückspause. Dann ging er für zwei Stunden ins Labor, um Programme zu testen. Es folgte die ausgiebige Mittagspause. Danach noch etwas Bastelarbeit und dann nochmal für eine Stunde ins Labor. Christian hat insgesamt maximal drei Stunden gearbeitet. Ein Kündigungsgrund? Ich sage „Nein". Christian hat in diesen drei Stunden (Input) viel mehr geschafft (Output) als wir unerfahrenen Jung-Dynamiker in neun Stunden. Er war sehr erfahren und hat die richtigen Dinge smart umgesetzt. Einfach klasse! Er war wesentlicher produktiver als ich.

Heute gibt es die ersten Unternehmen, die bewusst auf einen Vier-Stunden-Arbeitstag setzen. In dieser Zeit wird aber nicht gequatscht, sondern sehr konzentriert gearbeitet. Prozesse wurden gnadenlos angepasst und damit die Produktivität sogar noch gesteigert. Heute schaffen diese Unternehmen mit ihren Teams in vier Stunden mehr als vorher mit Acht-Arbeitsstunden-Tagen.

Zuerst die richtigen Dinge tun und dann die Dinge richtig tun.

Treffen sich zwei Verkäufer abends an der Bar. Fragt der eine den anderen: „Und, wie war dein Tag?" „Super, ich habe zwei Kunden besucht und drei Angebote geschrieben." Sagt der andere: „Ja, geht mir auch so. Ich habe auch nichts verkauft!"

Diesen Witz habe ich von meinem Kollegen Dirk Kreuter. Lassen Sie sich diesen Witz wirklich auf der Zunge zergehen. Wie war Ihr Tag heute? Waren Sie beschäftigt oder haben Sie wirklich etwas erreicht?

Wer seine Produktivität steigern möchte, kommt um zwei wichtige Begriffe nicht umher: Effektivität und Effizienz. Doch wofür stehen diese Begriffe genau?

Effektivität:

Tue ich die wirklich wichtigen Dinge?

Effizienz:

Tue ich die Dinge smart, mit so wenig Ressourcen wie möglich?

Um die Begriffe mit etwas Leben zu füllen, finden Sie nachfolgend typische Beispiele aus dem Alltag:

Hemden bügeln

Effektivität:

Macht es überhaupt Sinn, dass ich die Hemden selbst bügele? Ist es nicht sinnvoller, bügelfreie Hemden zu kaufen oder die Oberhemden sogar in die Reinigung zu geben und sich in der freigewordenen Zeit um etwas wirklich Wichtiges zu kümmern (Familie, Bildung, Arbeit, Kunden etc.)?

Effizienz:

Wie kann ich die Oberhemden noch besser bzw. schneller bügeln?

Angebot für einen Kunden

Effektivität:

Macht das Angebot an diesen Kunden überhaupt einen Sinn? Braucht der Kunde tatsächlich ein Angebot, um mich beauftragen zu können? Nutzt der Kunde mich vielleicht sogar nur als Preisvergleich und beauftragt auch dieses Mal wieder den Wettbewerber?

Effizienz:

Wie kann ich durch Vorlagen und Textbausteine ein Angebot einfacher und schneller erstellen?

Gestatten Sie mir, für alle Verkäufer das letzte Beispiel noch etwas präziser auf den Punkt zu bringen. Bei einigen Verkäufern habe ich den Eindruck, dass sie heute zu reinen Angebotserstellern geworden sind und immer weniger als Verkäufer agieren.

Beispiel

Als Verkäufer erhalten Sie eine Anfrage von einem potenziellen Kunden. Wie reagieren Sie?

- *Jede Anfrage wird mit einem Angebot beantwortet. Viel hilft viel! (Glückwunsch, dann beschäftigen Sie sich sehr!)*
- *Jede Anfrage wird systematisch bewertet und anschließend gibt es eine klare Entscheidung für alternativ:*
  1. *Kein Angebot, da es keine ausreichenden Chancen auf Erfolg gibt.*
  2. *Ein Budgetangebot (kurze E-Mail) reicht aus, da der Kunde im Moment nur seine Finanzplanung macht, die konkrete Kaufentscheidung aber noch nicht ansteht.*
  3. *Ein Standardangebot (gibt es nur bei Nachbestellungen von bekannten Kunden). Daher fällt diese Option in diesem Fall aus.*
  4. *Ein „Extra-Meile-Angebot" wird erstellt, da Sie sich wirklich gute Chancen ausrechnen. Das Angebot erhält ein individuelles Anschreiben und Sie geben es auch persönlich beim Kunden ab.*

Spüren Sie den großen Blumenstrauß der Möglichkeiten, den jeder Verkäufer tagtäglich hat? Leider nutzen ihn nur wenige und die meisten antworten auf jede Anfrage mit einem Standardangebot. Die Folge sind vielbeschäftigte Angebotsersteller.

Die Kernfrage lautet letztlich: Wo steckt der größere Hebel? In der Effektivität oder in der Effizienz? Genau, in der Effektivität. Was nützt es, wenn Sie Ihre Hemden genial (effizient) bügeln, wenn Sie aber eigentlich in dieser Zeit an einem wichtigen Kundenprojekt arbeiten sollten? Bevor Sie Dinge smart erledigen, müssen Sie sicherstellen, dass Sie auch wirklich die richtigen, wichtigen Dinge tun!

Meine persönliche Frage zur Überprüfung der Effektivität lautet:

Hilft mir diese Aufgabe dabei,	
• mehr Umsatz zu generieren?	
• meine Kosten zu reduzieren?	
• meine Prozesse, Abläufe, mein Leben zu vereinfachen?	

Genügt eine Aufgabe keiner dieser Kriterien, dann hat diese in meinem Berufsalltag nichts zu suchen

So fokussiere ich mich auf die wirklich wichtigen Dinge. Erst dann kümmere ich mich um die Effizienz, die Art und Weise, wie ich meine Aufgabe erledige.

Übung

Überprüfen Sie Ihre letzte Woche und Ihre Planung für die nächste Woche auf Effektivität und Effizienz.

Effektivität:

- *Sind alle Tätigkeiten wirklich wichtig und effektiv?*
- *Was werden Sie zukünftig nicht mehr machen?*
- *Worauf werden Sie sich zukünftig stärker fokussieren?*

Effizienz:

- *Welche Tätigkeiten können Sie noch einfacher, effizienter bzw. mit weniger Aufwand gestalten?*

Das Ende von Aufschieberitis

Jeder von uns leidet an Prokrastination. Unangenehme Aufgaben, wie die Steuererklärung, die Darmspiegelung, der Zahnarztbesuch oder auch nur der wichtige, aber unangenehme Brief an den Kunden, schieben wir gerne vor uns her. Dabei werden diese Aufgaben dadurch nicht besser, sondern, ganz im Gegenteil, sie erzeugen ein ungutes Bauchgefühl. In der klassischen Zeitmanagementliteratur gibt es fünf gute Techniken, um diese Tätigkeiten trotzdem in Angriff zu nehmen. Für mich persönlich hat sich im Arbeitsalltag aber eine sechste Lösung als genial herausgestellt.

Lassen Sie sich von den folgenden Techniken inspirieren:

Für nur zehn Minuten starten (jetzt sofort)

Sie überlisten sich selbst, indem Sie sich einen sehr kurzen Zeitraum geben und das Thema kurz angehen wollen, so für zehn Minuten. Meistens passiert jetzt etwas sehr Spannendes: Nach diesen zehn Minuten hat die Aufgabe den ersten Schrecken verloren und wir machen einfach weiter.

Belohnungs-Trick

„Wenn ich das geschafft habe, dann gönne ich mir …". Ja, wir Menschen ticken so. Winkt eine schöne Möhre, denken wir mehr an die Möhre als an die unangenehme Aufgabe. Belohnen Sie sich selbst, auch schon nach kleinen ersten Schritten.

Festen Termin setzen

Setzen Sie sich einen festen Termin (schriftlich festgehalten im Kalender), an dem Sie diese Aufgabe erledigen werden.

Salami-Taktik

Gerade bei komplexen Aufgaben, die uns riesig erscheinen, gilt die alte Weisheit: Auch eine lange Reise beginnt mit einem ersten Schritt.

Wenden Sie daher die Salami-Taktik an und teilen Sie die Aufgabe in kleinere Pakete auf. Das erste Paket wird gleich abgearbeitet.

Delegieren

Haben Sie ein ungutes Bauchgefühl, weil die Aufgabe zu komplex ist oder Ihnen schlichtweg das Wissen fehlt? Dann holen Sie sich Unterstützung oder delegieren Sie die Aufgabe. Das geht übrigens auch in der Ehe sehr gut (solange die Arbeiten ausgewogen delegiert werden).

Wir sind gute Verbesserer

Da wir Menschen Dinge gut verbessern können (z. B. einen Brief), gilt: Starten Sie heute mit einer ersten Lösung, schlafen Sie eine Nacht darüber und optimieren Sie das Ergebnis morgen Früh!

Die letzte Technik ist zu meinem persönlichen Favoriten in vielen Alltagssituationen geworden.

Machen Sie Pause, um mehr zu schaffen

Es ist schon einige Jahre her, da habe ich bei einer Vorstandsassistentin gesehen, dass sie im Kalender für ihren Chef jeden Tag in Outlook eine Stunde Mittagspause eingetragen hatte. Damals fand ich das etwas übertrieben. Man kann auch alles planen, dachte ich. Aber nach einiger Zeit bin ich dahintergekommen, warum sie es wirklich gemacht hat. Ohne diesen Eintrag, diesen Blocker, wäre die Pause jeden Tag wegdiffundiert.

> *Beispiel*
>
> *Der Erste braucht den Chef nur kurz für 45 Minuten, am besten um 11:30 Uhr. Der nächste Mitarbeiter braucht noch ganz dringend eine kurze Abstimmung von 12:30 Uhr bis 13:15 Uhr.*

Ohne Blocker wären beide Termine möglich gewesen. Mit Blocker hat die Assistentin noch „Ja" zum ersten Termin gesagt und die Mittagspause einfach um fünfzehn Minuten nach hinten verschoben. Den zweiten Termin hat sie nicht mehr zugelassen.

Ein Wort, das im Moment absolut im Trend liegt, ist der Begriff „Achtsamkeit". Und ich begrüße das sehr. Wenn Sie wirklich hochproduktiv sein wollen, dann braucht es am Ende: **Einen fitten Körper und einen fitten Geist.**

Spannend ist aber zu sehen, dass wir mit diesen beiden Ressourcen nicht gerade achtsam umgehen. Viele Außendienstmitarbeiter genießen das schnelle und scheinbar günstige Mittagessen bei McDonald's oder dem Currywurstbrater ihres Vertrauens. Oder wir lassen das Mittagessen ganz ausfallen und genießen eher eine Tafel Schokolade. Auch als Berater, der viel in Hotels unterwegs ist, ertappe ich mich zu häufig dabei, dass ich abends gerne noch das Bier, den Wein und am besten die süße Nachspeise vertilge.

Nachfolgend ein paar grundlegende Tipps:

- Nach 30 Minuten, spätestens nach 60 Minuten am Schreibtisch folgt eine Bewegungspause. Gerne können das auch ein paar Kniebeugen oder Liegestützen sein. Damit tun Sie nicht nur etwas für Ihre Muskulatur, sondern insbesondere für die Durchblutung.
- Essen braucht Zeit! In Ruhe Mittagessen, weniger Kohlenhydrate (da diese Sie müde machen) und anschließend ein kurzer Spaziergang an der frischen Luft.
- Zwei Liter Wasser und fünfmal Obst am Tag nehmen Sie auch nur zu sich, wenn das so auf dem Schreibtisch steht – Glauben Sie mir!
- Gerne auch mal wieder eine Stunde langweilen (kein Smartphone, kein WhatsApp, nichts)!

Ist es Ihnen auch schon einmal so ergangen, dass Sie bei der Arbeit einfach nicht vorankommen? Ihnen fehlt der entscheidende Gedanke, der richtige Impuls. Mir geht es öfters so. Wenn ich im Büro bin, höre ich einfach auf zu arbeiten und gehe eine Runde Joggen oder Fahrradfahren. Das Spannende ist jetzt, dass mir dann beim Radfahren und Laufen plötzlich die Gedanken kommen, die ich vorher so krampfhaft gesucht habe. Manchmal schafft man einfach mehr, wenn man eine Pause macht.

Übung

Was können Sie tun, um noch achtsamer mit Ihren wichtigsten Ressourcen (Gesundheit, Körper, mentale Fitness) zu haushalten?

Kurzes Check-out bringt Zufriedenheit

Kennen Sie auch die Situation, dass man am Abend nach Hause geht und wieder einmal sagt: „Ich habe gearbeitet wie ein Pferd, aber nichts geschafft!"? Wissen Sie am Nachmittag noch, was Sie am Vormittag alles gemacht haben?

Häufig gehen wir mit uns selbst sehr selbstkritisch und negativ aus dem Tag. Aber mal Hand aufs Herz: Haben Sie wirklich nichts geschafft oder haben Sie vielleicht nur nicht die Dinge umsetzen können, die Sie sich vorgenommen haben, weil anderen Sachen wichtiger waren?

Viele machen den Fehler, dass sie entweder gar keinen Check-out machen und damit gefühlt nie abschalten können oder wir fragen lediglich, was wir heute nicht geschafft haben und daher morgen machen müssen. Meine Einladung an Sie: Schließen Sie den Tag bewusst mit einem kurzen Check-out.

Nehmen Sie sich die letzten zehn Minuten des Tages, um den Tag noch einmal Revue passieren zu lassen. In diesen zehn Minuten geht es im Kern um zwei Fragen:

- Welche wichtigen Dinge habe ich heute geschafft?
- Was habe ich heute nicht erledigen können und inwieweit muss ich daher die Planung für die nächsten Tage anpassen?

Machen Sie dazu die folgende Übung:

Übung

Wie sehen die ersten und letzten Minuten Ihres Tages aus? Gehören diese wirklich Ihnen oder sind Sie von der ersten bis zur letzten Minute ein Getriebener? Wann nehmen Sie sich die Zeit, Ihren Tag kurz durchzuplanen?

Mein perfekter Tag hat eine Struktur

Gibt es jetzt so etwas wie eine perfekte Struktur für den Tag? Jeder von uns ist anders und hat auch eine anderes Arbeits-Setup. Jedoch sehe ich, dass viele Menschen produktiver und zufriedener sind, wenn sie für sich eine Struktur gefunden haben. Meine sieht wie folgt aus:

Beispiel

- *Der Tag startet mit Espresso und dem Check-in. So verschaffe ich mir einen Überblick.*

- *Danach mache ich mein One Thing des Tages. Jetzt fühle ich mich schon richtig gut, weil ich was geschafft habe und eigentlich nichts mehr kommen kann.*
- *Anschließend folgen Termine oder kleinere Aufgaben. Es gilt die Grundregel: Was immer ich tue, tue ich zu 100 Prozent und ohne Ablenkungen.*
- *Die Mittagspause ist eine 100-Prozent-Pause. Kein Smartphone nebenbei, sondern fokussiert essen, mit der Familie sprechen und kurz etwas Luft schnappen.*
- *Danach kleine Routineaufgaben.*
- *Am Nachmittag durchaus noch einmal Termine und kleine Aufgaben.*
- *Gegen Abend folgt noch ein kurzes Check-out.*
- *Danach zu 100 Prozent Feierabend: Mein Notebook ist runtergefahren, das Homeoffice zu.*

Abends arbeiten? Warum nicht, aber dann zu 100 Prozent

Kennen Sie diese Situation, dass wir am Abend noch einmal kurz die beruflichen E-Mails checken? Haben Sie das auch schon einmal getan? Was passiert jetzt genau? Meistens lesen wir die Nachrichten an und stellen fest, dass wir morgen das Thema noch ganz dringend bearbeiten müssen. Und nun? Wir nehmen den Gedanken aus der E-Mail aber mit ins Bett und können nicht wirklich schlafen. Das Resultat: Die Aufgabe ist nicht erledigt, niemandem geholfen und wir können schlecht schlafen. Macht das Lesen dieser E-Mail dann wirklich Sinn oder könnte das nicht auch bis morgen Früh warten?

Ich persönlich habe ab ca. 20 Uhr noch einmal eine produktive Phase und wenn eh alle aus dem Haus sind oder ich allein im Hotel bin, nutze ich diese Zeit gerne, um noch einmal etwas wegzuarbeiten.

Aber sind diese beiden Aussagen nicht komplett gegensätzlich? Was ist denn nun richtig?

Ich bleibe bei der Aussage, dass wir – was immer wir tun – zu 100 Prozent tun sollten. Nebenbei mal ein wenig E-Mails checken, halte ich für hochgradig unproduktiv. Wenn Sie am Abend aber noch einmal eine Stunde zu 100 Prozent arbeiten und damit sehr produktiv sind, ist das für mich absolut legitim.

Auf den Punkt gebracht

- Starten Sie den Tag mit einem kurzen Check-in, um einen Überblick zu bekommen.
- Wer das wirklich Wichtige so früh wie möglich macht, hat den Kopf frei für den Rest des Tages.
- Die wichtigen Aufgaben erledigen, bevor sie dringend werden, macht Sie produktiver und entspannter.
- Große Aufgaben gehören in den Kalender und nicht auf eine Aufgabenliste.
- Kein Multitasking: Was immer Sie tun, tun Sie es zu 100 Prozent.
- Halten Sie Ihren Kopf frei und schreiben Sie Gedanken gleich auf (z. B. in OneNote).
- Reduzieren Sie Ablenkungen.
- Machen Sie Pause.
- Perfekte Tage folgen einer Struktur.

Vereinfachen Sie gnadenlos Ihr Leben

Komplexität ist ein Produktivitätskiller! Spannend ist allerdings, dass wir uns das Leben sehr häufig selbst komplizierter machen. Die nachfolgenden Anregungen zeigen Ihnen, wie Sie Ihr Leben gnadenlos vereinfachen können, um so jede Menge Zeit zu sparen.

Die eBay-Challenge – weg mit den 10.000 Dingen

Wir Deutschen haben im Durchschnitt 10.000 Dinge:

- 10.000 Dinge, die abgelegt, geordnet und gemanagt werden müssen.
- 10.000 Dinge, die beim Umzug mitgenommen werden.
- 10.000 Dinge, dich mich hindern, das Richtige schnell zu finden.
- 10.000 Dinge, die wir in den Frühjahrsputz einbeziehen müssen.

Vielleicht kennt der eine oder die andere von Ihnen diese „Situationen": Wer zu viele Hosen, Kleider, Schuhe etc. hat, braucht länger zum Kofferpacken. Wer eine Stifte-Box hat, braucht Zeit, um den perfekten Kugelschreiber zu finden, auch wenn wir doch nur schnell eine Notiz machen wollen. Viele Dinge belasten uns.

Warum starten Sie nicht einmal eine eBay-Challenge. Jede Woche fliegt etwas aus Ihrem Büro, aus Ihrem Haushalt raus – 52 Wochen lang.

Übung

Falls Sie sich unsicher sind, welche Sachen aus dem Kleiderschrank ausgemistet werden können, nutzen Sie einen einfachen Kleiderbügeltrick: Sie nehmen alle hängenden Sachen aus dem Kleiderschrank heraus und hängen Sie mit dem Bügel von hinten wieder ein. Setzen Sie sich jetzt eine Erinnerung im Outlook für heute in zwölf Monaten und schauen Sie dann wieder in Ihren Kleiderschrank. Alle Kleidungsstücke, die dann noch „falsch herum" aufgehängt im Kleiderschrank sind, haben Sie in den letzten zwölf Monaten noch nicht einmal herausgenommen. Warum? Kein Mensch hängt die Kleiderbügel freiwillig von hinten ein. ☺

Dann heißt es, weg mit den Sachen, die Sie eh nicht anziehen. Alle anderen Dinge versehen Sie mit einem Verfallsdatum.

Wir haben für die Küche einen Spätzleschaber gekauft, weil wir mit der Spätzlepresse nicht so zurechtkamen. Wegschmeißen oder weggeben wollten wir das gute Stück aber auch nicht. Lösung: Wir haben ein Post-it mit einem Verfallsdatum draufgeklebt. Wenn wir die alte Spätzlepresse in den nächsten 6 Monaten nicht benutzt haben, brauchen wir sie definitiv nicht mehr und sie kann weg.

Befreien Sie sich vom Ballast und machen Sie es wie Silbermond: **„Reisen Sie mit leichtem Gepäck!"**

momox und andere Dienstleister sind durchaus eine gute Alternative zu eBay, um dort gebündelt Bücher, Elektronikgeräte oder auch Kleidungsstücke schnell und unkompliziert zu verkaufen.

Die folgende Übung hilft Ihnen dabei, sich zu überlegen, von welchen Dingen Sie sich trennen können:

Übung

Von welchen vier Dingen wollen Sie sich in den nächsten vier Wochen trennen, weil sie in Wirklichkeit Ihr Leben belasten?

Welche Dinge haben Sie in den letzten 6 Monaten nicht mehr benutzt?

Die 1er-Regel

Vereinfachen können Sie Ihr Leben auch durch eine einfache Regel: Die 1er-Regel.

Beispiel

Unsere Tochter wünschte sich zu ihrem elften Geburtstag ein Smartphone. In unserem Haushalt gab es zwar bereits zwei Apple iPads, drei Apple iPhones, aber für die Kleine gleich ein teures Apple-Gerät? Die Antwort war schnell klar: Nein! Also haben wir ihr ein sehr günstiges Einsteigermodell von Nokia mit Microsoft Betriebssystem gekauft. Vielleicht ahnen Sie es schon, aber hier hatten wir definitiv am falschen Ende gespart! Das Gerät war durchaus gut, aber ich kannte mich einfach nicht damit aus. Am Ende brauchte ich Stunden, um das Gerät zu konfigurieren und es mit allen anderen Geräten zu vernetzen. Wenn unsere Kleine eine Frage hatte, konnte ich diese nicht immer spontan beantworten, sondern musste mich zuerst mit dem System vertraut machen.

Ich habe Geld gespart und musste dafür mit viel Zeit bezahlen.

Meine Erkenntnis daraus: Wenn Sie sich auf die wirklich wichtigen Dinge fokussieren wollen, müssen Sie sich den Freiraum bei allen belanglosen Themen verschaffen.

Nachfolgend ein paar Beispiele aus der Praxis:

Beispiel

- *Viele Berufstätige nutzen die Aufgabenliste im Outlook. Nur leider gibt es daneben noch einige weitere Excel-Listen mit Aufgaben sowie ein paar Post-its. Wer soll hier wirklich den Überblick behalten? Daher: eine Aufgabenliste, ein Notizbuch etc.*
- *Wie viel Zeit brauchen Sie, um Ihre Socken nach dem Waschen wieder zu richtigen Pärchen zusammenzufinden? Ich habe nur zwei verschiedene Typen von Socken: Eine Sorte von Puma zum Joggen und ein Modell von Hugo Boss für das tägliche Leben. Alle sind ungefähr gleich alt und damit gleich „ausgeblichen". Es ist kein Sortieren nötig.*

- *Bei Smartphones und Co. ist es sinnvoll, wenn Sie einem Anbieter mit einem durchgängigen Betriebssystem treu bleiben.*
- *Wie viele unterschiedliche Tupperdosen haben Sie in Ihrer Küche? Mit der 1er-Regel: ein Anbieter, eine Form, eine Größe und keine Suchzeiten.*
- *Eine Bankverbindung und nicht hier ein Tagesgeldkonto und da ein Sparbuch – das macht das Leben einfacher.*
- *Versichern Sie sich bei nur einer Gesellschaft (sparen Sie lieber Zeit als das bisschen Geld).*
- *Sie kaufen sich eine neue Hose und dafür fliegt eine alte Hose raus. So bleibt die Anzahl der Sachen immer gleich. Ansonsten führen immer mehr Hosen zu immer mehr Auswahl und damit zu immer längeren Entscheidungszeiten.*
- *Sie arbeiten konzentriert an einer Sache und bringen diese zu Ende. Kein Multitasking bitte!*
- *Es gibt nur einen Ablageort für Ihre digitalen Dokumente und keinen bunten Blumenstrauß mit OneDrive, Google Drive, Dropbox, lokale Festplatte etc.*
- *Zum Schluss noch die berühmte Stifte-Box auf dem Schreibtisch. Meist führt diese nur dazu, dass Sie länger überlegen, bis Sie den vermeintlich richtigen Stift gefunden haben. Im schlimmsten Fall funktioniert dieser dann nicht und dann packen wir den defekten Stift wieder wohin? Genau, in die Box zurück.*

Machen Sie dazu die folgende Übung:

Übung

Bei welchen Punkten – privat und geschäftlich – können Sie noch Komplexität rausnehmen, indem Sie die Anzahl der Lösungen, Optionen und Systeme drastisch bis auf eins reduzieren?

Es geht immer noch einfacher

Beispiel

Kennen Sie das? Sie wollen nur schnell ein paar Krümel vom Boden wegsaugen. Aber dafür extra den großen Staubsauger rausholen, Kabel rausziehen und in die Steckdose stecken; dann reicht das Kabel nicht, weil auch ganz hinten in der letzten Ecke noch ein paar Krümel liegen. Meist lassen wir es dann bleiben, weil es zu aufwendig ist. Die Lösung wäre ein Staubsauger mit Akku.

Das gilt auch für die Heckenschere, den Rasenmäher und die Schlagbohrmaschine. Wenn Sie jetzt noch die 1er-Regel beachten und alle Geräte vom selben Hersteller kaufen, können Sie ein und denselben Akku für alle Geräte verwenden. Das Leben wird leichter und Sie haben wieder jede Menge Zeit für die wirklich wichtigen Dinge.

Reflektieren Sie Ihre Arbeitsschritte mithilfe dieser Übung:

Übung

Welche Prozesse und Arbeitsschritte durchlaufen Sie immer wieder und wie können Sie diese noch weiter vereinfachen?

Schneiden und Wachsen oder Ihre Not-To-do-Liste

Jetzt geht es ab in den Garten. Bäume und Sträucher werden gezielt beschnitten, damit sie kraftvoll wachsen können und das Obst die volle Süße entfalten kann. Aber wie viel schneiden Sie in Ihrem Berufsalltag? Dazu drei Beispiele aus dem wahren Leben:

Delegieren

Als Freiberufler bin ich 2002 an den Start gegangen. Gerade am Anfang der Selbstständigkeit heißt es „Selbst ist der Mann!". So habe ich mich um alles selbst gekümmert: Buchhaltung, Webauftritt, Ausdruck der Seminarunterlagen und vieles mehr. Das ist am Anfang auch in Ordnung. Aber wenn das Geschäft dann immer weiterwächst und man sich auch selbst weiterentwickelt, heißt es: loslassen, delegieren und sich auf die wirklich wichtigen Dinge konzentrieren. Meine ehrliche Antwort: Auch nach zehn Jahren der Selbstständigkeit habe ich noch immer Seminarunterlagen ausgedruckt und die Ordner erstellt. Das kostete Zeit, die ich besser in Akquise und inhaltliche Punkte hätte stecken sollen.

Weiterentwickeln

Als Berater und Trainer war mein Tagessatz am Anfang der Selbstständigkeit logischerweise geringer als heute. Doch was passiert mit den Kunden aus den Anfangstagen, die vielleicht heute noch gerne bei mir einkaufen? Ich habe mich über fünfzehn Jahre stark weiterentwickelt. Parallel dazu ist auch mein Tagessatz gestiegen. Daraus resultierte ein Kundenportfolio mit neuen Kunden zu hohen Tagessätzen und ein paar guten, alten, liebgewonnenen Kunden von früher mit schwachen Tagessätzen. Produktivität steigern heißt am Ende, mehr Output (in diesem Fall mehr Euro) in kürzerer Zeit zu erzielen. Die Konsequenz: Mit den alten Kunden geht das leider nicht mehr!

Loslassen

Als Berufsstarter machen Sie noch alles selbst. Die Wohnung wird selbst renoviert und gestrichen, die Hemden werden selbst gebügelt und putzen ist natürlich auch Chefsache. Aber Hand aufs Herz: Wenn Sie zehn Jahre im Beruf sind und die Zeit immer knapper wird und Ihre Kinder auch noch etwas von dieser Zeit haben wollen, müssen Sie auch Dinge loslassen.

Dirk Kreuter nennt das im Vertrieb „Schneiden und Wachsen“. Einige Zeitmanagementexperten reden von der „Not-To-do-Liste“. Am Ende geht es immer um dieselbe Kernfrage: Was von den Dingen, die Sie letztes Jahr noch gemacht haben, werden Sie zukünftig nicht mehr (selbst) machen? Diese bewusste Ausgrenzung von Aktivitäten bringt Sie zu mehr Fokussierung und Produktivität.

Übung

Welche drei Aufgaben und Tätigkeiten, die Sie im letzten Jahr noch selbst gemacht haben, werden Sie ab morgen gar nicht mehr machen oder nur noch delegieren? Von welchen drei Kunden werden Sie sich verabschieden? Von welchen drei Produkten werden Sie sich verabschieden? Etc.

Geben Sie Geld aus

Wie viel Zeit verlieren wir, weil wir irgendwann einmal wieder sparen wollten und eine vermeintlich günstige Lösung gekauft haben? Wir haben etwas angeschafft, was nicht wirklich funktioniert oder mit dem wir nicht so richtig klarkommen.

> ### *Beispiel*
>
> *Mir fällt dabei gleich unsere Küchenmaschine ein. Wir wollten schon immer eine „richtige" Küchenmaschine haben, mit der wir unseren Kuchen, den Pizzateig und vieles mehr noch leichter herstellen können. Viel Geld wollten wir aber auch nicht ausgeben. Kurzerhand haben wir online ein Schnäppchen gemacht. Aber wir sind mit dem Gerät nicht wirklich klargekommen. Spannend wird es aber jetzt!*
>
> *Wie gehen Sie mit der Situation um? Die meisten Menschen ärgern sich jedes Mal wieder aufs Neue, wenn sie das Gerät bedienen. Da es auch nicht richtig funktioniert, kostet die Bedienung nicht nur Nerven, sondern auch Zeit. In unserem Beispiel haben wir die Maschine ziemlich schnell über eBay wieder verkauft und dann doch eine teurere Lösung gekauft, mit der wir sehr glücklich sind.*

Im Unternehmensumfeld nennen wir so eine Investition „Sunk-Costs". Wir haben schon viel Geld ausgegeben und bringen es einfach nicht über das Herz, die Reißleine zu ziehen und die Investition abzuschreiben. Genau das ist aber die richtige Lösung, um auf Dauer zufriedener und auch produktiver durchs Leben zu gehen.

Übung

Welche Geräte in der Wohnung oder auch im Garten haben Sie, die in die oben genannte Kategorie gehören? Welche Klamotten haben Sie gekauft und dann doch nie angezogen? Ärgern Sie sich nicht und verkaufen bzw. ersetzen Sie diese Gegenstände!

Nachfolgend finden Sie weitere Beispiele:

Investieren und dadurch Zeit sparen

In einem Seminar hat ein Teilnehmer die letzte Arbeitswoche kritisch hinterfragt und dabei festgestellt, dass er wieder einmal im Rahmen einer Dienstreise eine halbe Stunde mehr bei der Autovermietung gebraucht hat. Denn als er das Fahrzeug abholen wollte, hat er noch einen weiteren Kratzer entdeckt, der noch nicht im Übernahmeprotokoll vermerkt war. Um Ärger bei der Rückgabe zu vermeiden, musste er noch einmal einen Ansprechpartner von der Autovermietung kontaktieren. Und das hat wieder jede Menge Zeit gekostet. Ich persönlich miete meine Fahrzeuge immer mit null Euro Selbstbeteiligung. Dadurch gebe ich zwar mehr Geld aus als häufig nötig, aber ich gewinne dafür jedes Mal viel Zeit und spare jede Menge Nerven, da ich nicht zehnmal um das Fahrzeug herumlaufen muss.

Geld für die richtigen Dinge ausgeben

Meine Familie und ich waren einmal für ein paar Tage in Dubai und der Besuch des höchsten Gebäudes der Welt ist ein klares Muss. Das hatten sich natürlich noch einige andere Touristen auf ihre To-do-Liste gesetzt und so kam es zu einer Warteschlange. Wir konnten zwischen zwei Warteschlangen wählen:

- *Standardpreis = extrem lange Wartezeit*
- *Hoher Eintrittspreis = Expresszugang, keine Wartezeit*

Für welche der beiden Optionen würden Sie sich entscheiden? Ich höre jetzt schon den einen oder anderen aufschreien, dass sich das nicht jeder leisten kann. Und mit dieser Kritik haben Sie auch recht. Worum es mir aber geht, ist die Sichtweise: Wer weniger Geld ausgibt, investiert häufig mehr Zeit und mehr Nerven. Wenn Sie produktiver werden wollen, dann geben Sie Geld für die wirklich richtigen Dinge aus, die Sie produktiver und damit auch glücklicher machen.

Identifizieren Sie, bei welcher Gelegenheit Sie an der falschen Stelle sparen:

Übung

Bei welchen Dingen im privaten oder auch beruflichen Leben sparen Sie heute noch an der falschen Stelle?

Auf den Punkt gebracht

- Reisen Sie mit leichtem Gepäck und misten Sie radikal aus. Starten Sie die eBay-Challenge!
- Wenn Sie die 1er-Regel konsequent umsetzen, vereinfachen Sie Ihr Leben.
- Die meisten Dinge machen wir aus Gewohnheit (schon immer so). Stellen Sie alles infrage, denn es geht immer noch einfacher.

Tipps zum PC und Notebook

Das Notebook bzw. zunehmend das Tablet und das Smartphone sind unsere zentralen Arbeitsgeräte. Spannend ist dabei, dass fast jeder von uns diese Geräte durch „Learning by Doing" kennengelernt hat. Oder haben Sie zu Ihrer Schul- oder Berufszeit schon ein Seminar zu den Office-Programmen und den Tipps und Tricks zu iPhone und Co. besucht?

Es wird heute einfach davon ausgegangen, dass wir diese Geräte beherrschen. Die Konsequenz ist, dass wir nur einen verschwindend geringen Teil der Möglichkeiten dieser für uns so zentral gewordenen Maschinen nutzen. Erschreckend, oder?

Im Nachfolgenden habe ich für Sie einige Tipps und Tricks zusammengestellt, die mir im Laufe der Zeit oft geholfen haben.

Meine Top Shortcuts (Tastenkombinationen)

Shortcuts (Tastenkombinationen) am PC beschleunigen definitiv die Arbeitsweise. Nachfolgend meine persönlichen Favoriten für das tägliche Leben:

Strg + c	Kopieren
Strg + x	Ausschneiden
Strg + v	Einfügen
Win + v	Zeigt die letzten Elemente an, die Sie in die Zwischenablage gelegt haben.

Strg + d	Duplizieren
Strg + f	Suchen
Win + l	Sperrt den Rechner
Win + 1 (2, 3, …)	Startet das 1., 2., … Programm in der Taskleiste
Win + ←	Verschiebt das Fenster auf die linke Bildschirmhälfte. Jetzt können Sie noch ein zweites Fenster daneben öffnen.
Win + e	Öffnet den Explorer
Win + Suchbegriff	Durchsucht Ihren Rechner nach der Datei/dem Ordner und Sie können diesen so direkt öffnen.
Shift + Strg + f	Fettschrift in Word
Shift + Strg + u	Unterstreichen in Word
Strg + e	Zentrieren in Word
Shift + Win + ←	Wenn Sie 2 Monitore nutzen. Verschiebt das aktuelle Fenster auf den anderen Monitor.
Alt + Tab	Zwischen Programmen wechseln
Win + .	Auswahl von Emoji
Shift + Win + s	Snipping-Tool, um schnell einen Bildschirmausschnitt (als Bild) zu kopieren.

Schnellzugriff im Microsoft-Office-Paket

Im Office-Paket gibt es einen nützlichen Helfer, den nur sehr wenige Anwender wirklich kennen und nutzen: Den Schnellzugriff.

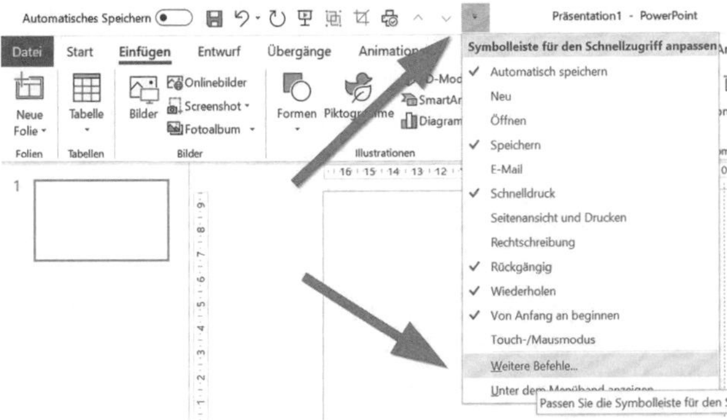

Die Abbildung zeigt meine Schnellzugriffsleiste im Programm PowerPoint. Die Leiste haben Sie garantiert auch. Die Frage ist nur, ob Sie die Liste auch intensiv nutzen. Sie können in die Liste alle möglichen Befehle aufnehmen, um diese dann mit nur einem Klick schnell verfügbar zu haben.

Um einen Befehl hinzuzufügen, können Sie alternativ:

- Im Menüband vom Office-Paket auf den Befehl gehen, den Sie im Schnellzugriff angezeigt haben möchten. Dann mit der rechten Maustaste „Zu Symbolleiste für den Schnellzugriff hinzufügen" klicken.
- Oben rechts auf den kleinen Pfeil und dann unten auf „Weitere Befehle" klicken. Jetzt können Sie die Befehle aussuchen, die Sie gerne in der Liste verfügbar haben möchten.

Schließen Sie die Fenster

Ist Ihnen das auch schon einmal passiert? Sie sitzen am PC oder Notebook und arbeiten an einem Dokument. Für diese Arbeit benötigen Sie noch eine Information aus einem anderen Programm. Sie haben allerdings so viele Programme und Fenster gleichzeitig geöffnet, dass der Wechsel mit der Tastenkombination Alt + Tab zu dem anderen Programm Sie fast in den Wahnsinn treibt. Sie finden einfach das richtige Fenster nicht (bzw. nicht so schnell). Gemäß der 1er-Regel sollten Sie nur ein einziges Programm geöffnet haben. Am PC ist das allerdings manchmal etwas schwer. Aber je weniger Fenster Sie gleichzeitig geöffnet haben, desto fokussierter können Sie arbeiten und desto schneller können Sie zwischen den Programmen wechseln.

Es gibt dazu noch einen anderen Aspekt, der nicht minder wichtig ist. Was kann passieren, wenn Outlook, Facebook und Co. im Hintergrund noch laufen? Sie arbeiten wieder an dem Dokument von oben und suchen gerade einen Gedanken. Ist es Ihnen dann auch schon einmal passiert, dass Sie aus Verzweiflung oder Langeweile mit Alt + Tab schnell umschalten, um zu schauen, ob es bei Outlook etwas Neues gibt?

Fokussiert arbeiten heißt, auch immer alle möglichen Ablenkungen auszublenden. Schließen Sie daher die Fenster immer, wenn Sie diese nicht benötigen, und konzentriert an einer Aufgabe oder in einem Programm arbeiten.

Eindeutige Dateinamen

Einmal im Monat stellt mir meine Bank einen Kontoauszug elektronisch als PDF zur Verfügung. Diese Auszüge lege ich dann auf meinem OneDrive-Laufwerk ab. Meine Bank verwendet dabei folgende Namensgebung:

Finanzreport_Nr._01_per_01.02.2024803378.pdf

Stellen Sie sich jetzt vor, ich würde über Jahre hinweg alle Kontoauszüge in einem Ordner ablegen. Was wäre die Konsequenz? Die Kontoauszüge wären nicht mehr in einer chronologischen Reihenfolge, sondern:

Finanzreport_Nr._01_per_01.02.2019803378.pdf

Finanzreport_Nr._01_per_01.02.2020803378.pdf

Finanzreport_Nr._01_per_01.02.2021803378.pdf

Finanzreport_Nr._02_per_01.03.2022803378.pdf

Finanzreport_Nr._02_per_01.03.2023803378.pdf

usw.

Es wären jetzt alle Auszüge vom Januar 2020-2021-2022 … untereinander, gefolgt vom Februar der verschiedenen Jahre und so weiter.

Darunter leidet nicht nur die Übersichtlichkeit, sondern es führt auch zu längeren Suchzeiten. Geben Sie Ihren Dateien daher eindeutige Namen:

2024-02-01-Finanzreport.pdf

Jetzt haben Sie alle Dateien in einer chronologischen Reihenfolge.

Machen Sie diese Benennung zu Ihrer Grundstruktur:
Jahr-Monat-Tag-Inhalt.Dateiformat

Suche im Explorer

Die Suchfunktionen im Explorer wie auch im Outlook werden immer mächtiger. Die meisten von uns nutzen davon allerdings nur einen Bruchteil der Möglichkeiten.

Die folgenden vier Zeichen bzw. Wörter grenzen Ihre Suchergebnisse im Explorer ein und führen dazu, dass Sie die richtige Datei schneller finden:

UND	Der Dateiname muss alle Schlagworte beinhalten Beispiel: *Finanzreport UND Januar* Zeigt nur alle Januar-Finanzreporte an.
ODER	Der Dateiname muss eines der Schlagwörter beinhalten.
NICHT	Hier schließen sich zwei Suchbegriffe aus. Beispiel: *Finanzreport NICHT Januar* Zeigt alle Finanzreporte außer die Januar-Reporte an.
*	Das „*“ dient hierbei als Lückenfüller. Beispiel: *Finanzreport*01* Zeigt alle Finanzreporte, die das Wort „Finanzreport“ und danach irgendwo eine „01“ enthalten.

Vorlagen – nichts wird zweimal gemacht

Was haben die vier folgenden Situationen gemeinsam?

> *Beispiel*
>
> - *Vor den meisten Veranstaltungen versende ich ein Paket mit Büchern, Blöcken und Namensschildern an den Kunden. Dazu gehört auch ein Anschreiben.*
> - *Es kommt zum Glück selten vor, aber circa zehn Zahlungserinnerungen im Jahr muss auch ich schreiben.*
> - *Alle meine Präsentationen enthalten eine Folie mit weiteren Informationen zu mir und eine Folie mit einer Art Inhaltsverzeichnis.*
> - *Für die meisten Veranstaltungen müssen Namensschilder, Seminarzertifikate, Teilnehmerlisten und andere Unterlagen gedruckt werden.*

In allen vier Fällen handelt es sich um wiederkehrende Aufgaben, Abläufe und Dokumente.

Viele von uns schreiben gerne einmal das Anschreiben für die Unterlagen für die Veranstaltung und speichern es bei den Kundendaten mit ab. Es folgt die nächste Veranstaltung und man denkt sich: „Eigentlich könnte ich doch den Brief vom letzten Mal verwenden. Aber wer war noch der Kunde? Wo habe ich das abgespeichert?" Ist Ihnen das auch schon einmal so ergangen? Wenn ja, dann gibt es ab heute eine goldene Regel:

Für alles, was mehr als einmal gemacht wird, gibt es Vorlagen.

Wichtig ist dabei allerdings, dass Sie alle Vorlagen an einem zentralen Ort abspeichern (zum Beispiel in einem Ordner „Vorlagen"). Alternativ können Sie aus einem Ordner „Top Shortcuts" über Verknüpfungen zentral auf alle Vorlagen zugreifen. Ohne diese zentrale Anlaufstelle fangen Sie jedes Mal wieder von vorne an zu suchen.

Neben den Einzeldokumenten gibt es auch noch das Thema der Abläufe. Bei mir zum Beispiel die Erstellung der Namensschilder, Seminarzertifikate, Teilnehmerliste etc. Für alle diese Einzeldokumente gibt es selbstverständlich Vorlagen und bei allen Dokumenten handelt es sich um einen Serienbrief, sodass ich nicht jeden Teilnehmernamen einzeln eintragen muss. Am Ende ist es aber immer der gleiche Ablauf: Es muss eine Reihe von Dokumenten aufgerufen und gedruckt werden. Damit dabei nichts vergessen wird, gibt es dazu ein zentrales Dokument mit Hyperlinks zu den entsprechenden Dokumenten:

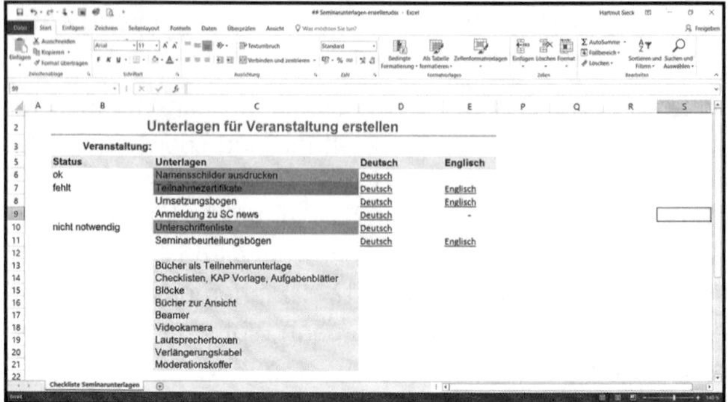

Unterlagen für Veranstaltung erstellen

Veranstaltung:

Status	Unterlagen	Deutsch	Englisch
ok	Namensschilder ausdrucken	Deutsch	
fehlt	Teilnahmezertifikate	Deutsch	Englisch
	Umsetzungsbogen	Deutsch	Englisch
	Anmeldung zu SC news	Deutsch	-
nicht notwendig	Unterschriftenliste	Deutsch	
	Seminarbeurteilungsbögen	Deutsch	Englisch
	Bücher als Teilnehmerunterlage		
	Checklisten, KAP Vorlage, Aufgabenblätter		
	Blöcke		
	Bücher zur Ansicht		
	Beamer		
	Videokamera		
	Lautsprecherboxen		
	Verlängerungskabel		
	Moderationskoffer		

Checkliste Seminarunterlagen

Diese zentrale Checkliste stellt sicher, dass ich an alle Punkte denke und spart mir Zeit, da ich die Dokumente nicht einzeln suchen und öffnen muss. Vergleichbare Prozesse gibt es in vielen Abteilungen: Neue Mitarbeiter einstellen, neues Produkt am Markt einführen, Messevorbereitung, Kundenveranstaltungen organisieren etc.

Übung

Für welche Anwendungen können Sie Vorlagen erstellen? Wo werden Sie diese abspeichern bzw. wie werden Sie sicherstellen, dass Sie einfach und schnell auf diese Vorlagen zugreifen können? Welche Abläufe können Sie über Checklisten systematisieren?

Auf den Punkt gebracht

- Mit ein paar Tastenkombinationen (Shortcuts) können Sie extrem viel Zeit sparen.
- Der Schnellzugriff in den Office-Programmen sollte alle Befehle umfassen, die Sie immer wieder brauchen.
- Schließen Sie unnötige Fenster auf dem Notebook, um den Überblick und den Fokus zu behalten.
- Eindeutige Dateinamen reduzieren später unnötige Suchzeiten.
- Die Suche im Explorer, aber auch im Outlook ist mächtig, wenn wir ein paar kleine Tricks kennen.
- Nutzen Sie für Vorlagen, für alles, was Sie öfters machen.

Das Smartphone – Produktivitätsbooster und -killer

Ohne Smartphone geht heute nichts mehr. Das Smartphone ist extrem nützlich und sollte uns eigentlich viel Zeit sparen. Aber zu häufig wird es eben auch zu einem Zeitdieb. Nachfolgend ein paar Tipps und Tricks zum effizienten Umgang mit dem Smartphone.

Zeitlimits nutzen

Gerade bei Social-Media-Apps verlieren wir schnell das Zeitgefühl und in Seminaren geben einige Teilnehmer – schon fast mit Scham – zu, dass sie täglich ein bis zwei Stunden auf Instagram und Co. verbringen.

Nutzen Sie Zeitlimits, um sich der Zeit bewusst zu werden und weniger Zeit auf Instagram und Co. zu verbringen.

Gehen Sie dazu auf dem iPhone im Bereich „Einstellungen" auf „Bildschirmzeit" und dann auf „App-Limits". Hier können Sie Limits für ausgewählte Apps oder auch App-Gruppen festlegen.

Textersetzung

Wie häufig haben Sie schon Ihre E-Mail-Adresse, Ihren Namen oder auch Ihre Adresse auf dem Smartphone eintippen müssen? Finden Sie das nicht auch lästig? Und dann müssen wir die E-Mail-Adresse noch einmal Probelesen, um Fehler auszuschließen.

Auf dem iPhone gibt es die Möglichkeit, Textbausteine zu nutzen. Suchen Sie einfach nach „Textersetzung" und definieren Sie z. B. ein Kürzel für Ihre E-Mail-Adresse oder Ihren Namen.

Beispiel:

#hs wird automatisch zu Hartmut Sieck

Weniger, aber hilfreiche Apps

> *Übung*
>
> *Überprüfen Sie doch einmal die Anzahl der Apps, die Sie auf Ihrem Smartphone installiert haben? Wie viele nutzen Sie davon wirklich und wie viele haben Sie nur einmal installiert und irgendwann mal genutzt?*
>
> *Werfen Sie Ballast ab und reduzieren Sie die Anzahl der Apps. Das schafft Übersicht und Fokus.*

Um die eigene Produktivität zu steigern, nutze ich die folgenden Apps auf dem iPhone und iPad:

- Microsoft Outlook für E-Mails und Kalender
- Microsoft To Do für Aufgaben

- Office Lens von Microsoft, um unterwegs wichtige Dokumente oder auch Visitenkarten schnell einzuscannen und um Fotos von Whiteboards, Flipcharts oder Ähnlichem zu machen. Die App erkennt die Größe der Dokumente und ich kann die Dateien in unterschiedlichen Office-Formaten oder auch als PDF schnell und unkompliziert in meinem OneDrive-Laufwerk ablegen.
- OneNote von Microsoft, um auch mobil auf alle Notizen in meinem OneNote-Notizbuch Zugriff zu haben.
- DB Navigator, HRS, MotelOne, Eurowings und Google Maps, um Reisen zu planen und um von A nach B zu kommen.
- Podcasts, iKiosk, Kindle Reader für die unkomplizierte Art der Weiterbildung für Zwischendurch.
- Banking-App, um das gesamte Banking schnell und unkompliziert von unterwegs zu erledigen.

Auf den Punkt gebracht

- Reduzieren Sie die Anzahl der Apps für mehr Übersicht und Fokus.
- Nutzen Sie Zeitlimits, um sich Ihrer Zeit bewusst zu werden.
- Alle Apps, die Sie produktiver machen und die Sie jeden Tag nutzen, gehören auf den Homescreen (Startbildschirm) Ihres Smartphones.

Tipps zu Outlook

Laut Statista werden 2024 über 360 Milliarden E-Mails pro Tag weltweit verschickt. Wahnsinn, oder? Und darauf packen wir noch die gleiche Anzahl an WhatsApp-Nachrichten obendrauf. Wir haben ja Zeit! Die Nachrichtenflut führt häufig dazu, dass wir mittlerweile ein Sklave von Outlook oder anderen E-Mail-Programmen geworden sind. Im Folgenden erhalten Sie ein paar Tipps, wie Sie Outlook effizienter nutzen können, um wieder selbst am Steuer Ihrer E-Mail-Kommunikation zu sitzen.

Benachrichtigungen aus

Nehmen wir an, Sie schreiben gerade einen wichtigen Brief. Im Hintergrund läuft Outlook und Sie erhalten eine neue E-Mail. Outlook informiert Sie über den E-Mail-Eingang durch einen kleinen Briefumschlag oder durch ein kleines Fenster auf dem Desktop mit Informationen zur eingegangenen E-Mail. So weit, so gut! Doch was passiert jetzt? Die meisten von uns – und ich zähle mich definitiv dazu – sehen den kleinen Briefumschlag und schauen sofort in den Posteingang, denn es könnte ja etwas Wichtiges sein. Wir sehen die E-Mail, machen sie kurz auf, um dann doch zu erkennen, dass es nichts Wichtiges ist. Das Ergebnis:

- Wir haben uns gerade selbst in einer wichtigen Arbeit unterbrochen.
- Am Ende führt das meist sogar dazu, dass wir eine E-Mail zigmal anlesen und immer wieder öffnen, bevor wir sie wirklich bearbeiten.

Schalten Sie daher unbedingt die Benachrichtigung aus. Nur so können wir unsere Neugierde bändigen und wieder anfangen, E-Mails dann zu „checken", wenn wir E-Mails wirklich bearbeiten wollen.

Wie können Sie die Benachrichtigungen ausschalten?

Outlook bis 2023

- Im Menü „Datei" die „Optionen" anklicken.
- Links auf den Reiter „E-Mail" klicken.
- Im Bereich „Nachrichteneingang" alle Häkchen entfernen.

Das neue Outlook

- „Einstellungen" anklicken (das Rädchen oben rechts).
- „Benachrichtigungen" auswählen.
- Im Bereich „Mich benachrichtigen über" mindestens den Schieber auf „Aus" stellen bei E-Mail.

Auf dem iPhone wird die Anzahl der neuen E-Mails durch einen kleine Zahl auf dem App-Symbol angezeigt. Wenn Sie die Zahl „triggert", um ungeplant die App zu öffnen, empfehle ich Ihnen diese Funktion zu deaktivieren. Gehen Sie in die Einstellungen, dann „Mitteilungen" und „Mail" und final auf „Kennzeichen deaktivieren".

Jede E-Mail wird nur einmal angefasst!

Hand aufs Herz: Haben Sie schon mal eine E-Mail öfters geöffnet und nicht sofort bearbeitet? Ist das wirklich produktiv oder führt das am Ende nicht nur zu immer mehr unbearbeiteten E-Mails im Posteingang? Die Lösung ist einfach, erfordert aber ein wenig Disziplin.

Jede E-Mail wird nur einmal angefasst und sofort bearbeitet.

Sie öffnen eine E-Mail und treffen jetzt sofort eine Entscheidung, um eine der fünf Bearbeitungsoptionen zu nutzen:

1. Sofort erledigen:
   Sie können die E-Mail schnell (z. B. in maximal zwei Minuten erledigen) und machen das auch sofort.
2. Löschen oder archivieren:
   Es handelt sich um eine reine Informations-E-Mail. Sie nehmen diese zur Kenntnis und entscheiden lediglich, ob Sie diese löschen oder doch noch archivieren (speichern) möchten.
3. Weiterleiten – delegieren:
   Sie können die Aufgabe oder Anfrage aus der E-Mail nicht selber erledigen und leiten diese daher gleich an eine Kollegin oder auch Ihren Lebenspartner weiter.
4. Termin blocken (wichtig):
   Sie benötigen für die Erledigung der Aufgabe Zeit (z. B. eine Stunde oder länger). Jetzt wandeln Sie die E-Mail per QuickStep in einen Kalendereintrag um und entscheiden so, wann Sie die Aufgabe erledigen. Bitte nicht einfach

auf eine To-do-Liste schreiben. Sie brauchen eine feste zeitliche Einplanung.

5. Wiedervorlage – Erinnerung:
   Es handelt sich um eine Kleinigkeit, die Sie aber nicht jetzt sofort erledigen können, da Ihnen z.B. noch eine Rückmeldung fehlt, die Sie erst nächste Woche Dienstag erhalten. Jetzt wandeln Sie diese E-Mail in eine Aufgabe um (siehe Quicksteps) oder nutzen die Fähnchen-Lösung für die Wiedervorlage. Wichtig ist aber, dass die E-Mail anschließend aus dem Posteingang verschwindet.

Regeln nutzen, um den Posteingang freizuhalten

Zwischen zwei Terminen schauen Sie noch eben schnell in den Posteingang auf Ihrem Smartphone, um nachzusehen, ob es noch etwas Wichtiges gab. Sie finden folgende Situation vor:

Sie haben 20 neue E-Mails. Davon sind

- zehn, bei denen Sie nur in CC stehen, damit Sie informiert sind.
- zwei Newsletter.
- drei Informations-E-Mails zur Verfügbarkeit von IT-Systemen.
- fünf wichtige E-Mails von Kunden oder Kollegen.

Viele öffnen jetzt alle 20 E-Mails nacheinander, um diese anzulesen und auf Wichtigkeit zu überprüfen. Das kostet Zeit und führt wieder dazu, dass E-Mails mehrfach geöffnet und doch nicht abschließend bearbeitet werden. Wäre es nicht viel geschickter, Sie würden im Posteingang nur die fünf wichtigen E-Mails von Kunden und Kollegen sehen? Alle Newsletter, CC- oder Informations-E-Mails können Sie auch getrost später lesen, wenn Sie sich dafür Zeit nehmen.

Mit Regeln in Outlook können Sie Ihren Posteingang automatisieren und schlank halten.

Outlook bis 2023

- Im Menü „Start" den Bereich „Regeln" auswählen und auf „Regeln und Benachrichtigungen verwalten" klicken. Dann „Neue Regel" auswählen.
- Für die CC-E-Mails würden Sie dann im nächsten Menü den Haken bei „die meinen Namen im Feld ‚CC' enthält" anklicken. Dann auf „Weiter".
- Setzen Sie bei „diesen in den Zielordner verschieben" einen Haken. Wenn Sie jetzt auf das Wort „Zielordner" klicken, können Sie den Ordner festlegen, in den die E-Mails verschoben werden sollen. Ich habe unter dem Ordner „Posteingang" einen Ordner „CC-E-Mails" eingerichtet.
- Anschließend wieder auf „Weiter" klicken.
- Im nächsten Schritt können Sie Ausnahmen festlegen, sodass Sie zum Beispiel alle CC-E-Mails, sollten diese von Ihrem Chef kommen, im Posteingang behalten. Wenn Sie keine Ausnahme festlegen möchten, einfach auf „Weiter" klicken.
- Jetzt können Sie der Regel einen sinnvollen Namen geben. Wenn Sie den Haken bei „Diese Regel jetzt auf Nachrichten anwenden, die sich bereits im Ordner ‚Posteingang' befinden" klicken, mistet Outlook Ihren Posteingang aus.

- Mit dem finalen Klick auf „Fertigstellen“ sind Sie dann auch schon durch.

Das neue Outlook

- Im Menüband „Startseite“ den Bereich „Regeln“ und dort „Regeln verwalten“ auswählen.
- Neue Regel hinzufügen.
- Regel benennen – z. B. „CC-E-Mails“.
- Bedingung hinzufügen – „Ich stehe in der CC-Zeile“.
- Aktion hinzufügen – „Verschieben in“ und dann einen neuen Ordner „CC-E-Mails“ erstellen.
- Speichern.

In beiden Fällen empfehle ich Ihnen noch den Ordner in Ihren „Favoriten“-Bereich zu verschieben, damit Sie die CC-E-Mails nicht aus den Augen verlieren. Die CC-E-Mails können Sie dann einmal pro Tag (z. B. im berühmten Suppenkoma) kurz durchblättern.

Zusätzlich empfehle ich Ihnen noch eine Regel für Newsletter oder Systembenachrichtigungen, die Sie nicht sofort lesen müssen und die Ihnen ohne Regel den Posteingang „vollmüllen“ würden.

QuickSteps

Stellen Sie sich vor, Sie bekommen eine E-Mail, die Sie heute noch nicht beantworten können, weil Ihnen eine wichtige Rückmeldung einer weiteren Person fehlt. Es ist nur eine Kleinigkeit, aber Sie können es heute nicht machen, wissen aber, dass Sie es am Montag nächster Woche beantworten können. Jetzt haben Sie zwei Möglichkeiten:

1. Sie nutzen die „Nachverfolgungsfunktion" (die Fähnchen) im Outlook und setzen als Fälligkeitstermin den nächsten Montag ein. Diese Vorgehensweise hat aber zwei Nachteile:
   - Die E-Mail ist immer noch in Ihrem Posteingang und raubt Ihnen dort Platz mit der Gefahr, dass Sie die wirklich wichtigen E-Mails für heute nicht erkennen.
   - Im Aufgabenbereich wird die E-Mail am Montag angezeigt. Allerdings erscheint dort die Betreffzeile aus der E-Mail und die muss nicht immer so aussagekräftig sein.
2. Sie wandeln die E-Mail in eine Aufgabe um. Damit verschwindet die E-Mail aus dem Posteingang und bringt so mehr Übersichtlichkeit im Posteingang. Außerdem können Sie den Betreff der Aufgabe jetzt sinnvoll umbenennen.

Daher empfehle ich Ihnen ganz klar die zweite Alternative. Die Umwandlung können Sie besonders einfach und schnell erledigen, wenn Sie die „QuickSteps"-Funktion in Outlook nutzen.

Wie können Sie QuickSteps für Ihre Aufgaben einrichten?

Outlook bis 2023

- Klicken Sie auf den kleinen Pfeil neben den QuickSteps.
- Klicken Sie auf „Neu", um einen eigenen QuickStep zu definieren.
- Geben Sie dem QuickStep einen sinnvollen Namen (zum Beispiel „Aufgabe erstellen").
- Wählen Sie als Aktion „Eine Aufgabe mit Anlage erstellen". So hängt die komplette E-Mail als Anlage an Ihrer neuen Aufgabe.

- Damit die Original-E-Mail aus dem Posteingang verschwindet, fügen Sie noch eine zweite Aktion hinzu. Bei mir ist „In Ordner verschieben: Archiv".

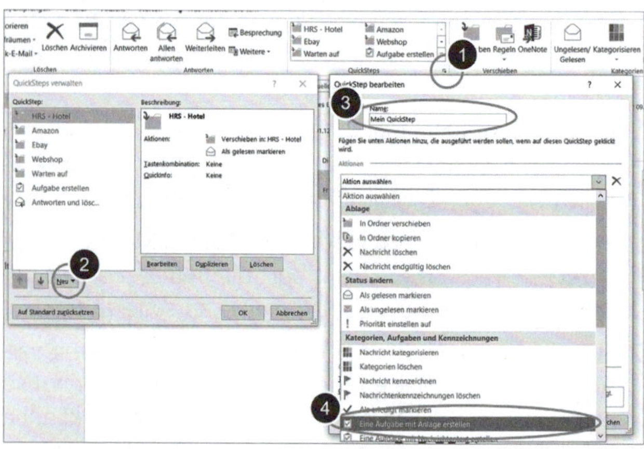

Das neue Outlook

- Im Menüband „Startseite" bei den Quicksteps den Punkt „Quicksteps verwalten" auswählen.
- „Neuer Quickstep" anklicken.
- Der Rest ist analog zur Vorgehensweise oben bei „Outlook bis 2023".

Ich persönlich nutze folgende QuickSteps:

- E-Mails in eine Aufgabe umwandeln
- E-Mails in einen Termin umwandeln (um meinen Tag zu strukturieren)
- Vorgefertigte E-Mail-Vorlagen

- Definieren Sie nicht mehr als sechs QuickSteps, sodass alle Befehle immer im Fenster sichtbar sind.
- Sie können auch mehrere Aktionen durch einen QuickStep ausführen lassen (1. E-Mail beantworten, 2. Immer in den Ordner verschieben, 3. E-Mail an Kollegen weiterleiten).

Weniger Tippen mit Autotext und Textbausteinen

Gerade wenn wir viele E-Mails schreiben, gibt es eine ganze Reihe von Fachbegriffen, Redewendungen oder ganzen Textblöcken, die immer wieder gleich sind. Mein Schwerpunktthema lautet „Key Account Management". Diese drei Wörter immer wieder schreiben zu müssen, ist viel zu zeitaufwendig. Eine einfache Hilfestellung im gesamten Office-Paket ist die Autotextfunktion. Ich nutze nur noch das Kürzel „#kam" und der PC macht daraus automatisch den langen Fachbegriff „Key Account Management".

Weitere Beispiele

#lg = Liebe Grüße, Hartmut Sieck

#mfg = Mit freundlichen Grüßen,

#hs = Hartmut Sieck

#kan = Keine Antwort notwendig

Mit der Autotextfunktion können Sie auch komplett formatierte Texte ersetzen. Bei mir wird aus #mahnung die gesamte Mahn-E-Mail.

Wie können Sie solche Textbausteine definieren?

- Schreiben Sie in einer E-Mail den gesamten Text mit allen Formatierungen (Farbe, Schriftgröße, Tabellen etc.) und markieren Sie den gesamten Text.
- Klicken Sie jetzt im Menü „Datei" auf „Optionen".
- Links den Reiter „E-Mail" auswählen.
- Dann „Rechtschreibung und Autokorrektur" auswählen.
- Auf „Autokorrektur-Optionen" klicken.
- Der Text wurde automatisch übernommen und Sie brauchen nur noch einen sinnvollen Namen zu definieren.

Alternativ zu dieser Autokorrektur-Option, die Sie auch aus Word kennen, können Sie auch „Vorlagen" nutzen.

Diese finden Sie, wenn Sie eine neue E-Mail schreiben oder auf eine E-Mail antworten, im Menüband „Einfügen" und dort unter „Meine Vorlagen". Hier können Sie ebenfalls Textbausteine definieren und dann jederzeit bequem einfügen.

Machen Sie sich Gedanken, welche Textbausteine Sie gebrauchen könnten:

> ***Wie steht es um Ihre Autotexte?***
>
> *Welche Textbausteine können Sie für sich definieren?*

Rückfragen einfach nachverfolgen

Arbeiten in Teams oder auch die Zusammenarbeit mit externen Partnern und Kunden bedeutet in der Praxis auch, dass wir immer wieder auf Rückmeldungen von anderen warten müssen. Sie schreiben eine E-Mail und erwarten alternativ eine Antwort bis zu einem bereits feststehenden Termin oder auch irgendwann in den nächsten Tagen oder sogar Wochen. Jetzt ist die Frage: Wie kann man den Überblick über alle ausstehenden Antworten behalten?

Möglichkeit 1 – Der Ordner „PE Warten auf"

Wenn mich Kunden um Terminoptionen bitten, kann es durchaus eine Woche dauern, bis ein Termin final bestätigt wird. Allerdings weiß ich eben nicht, wann diese Bestätigung wirklich kommt. Deswegen habe ich mir dazu einen Ordner „PE Warten auf" angelegt. PE steht dabei für Posteingang und dieser Ordner ist auch ein Unterordner meines Posteingangs, da ich diesen Ordner regelmäßig überprüfe. Schicke ich jetzt eine E-Mail mit Terminoptionen an einen Kunden, so verschiebe ich diese E-Mail nach dem Versand in diesen Ordner „PE Warten auf". Dort habe ich jetzt alle noch offenen Rückmeldungen auf einen Blick gesammelt. In meiner ersten halben Stunde am Morgen kann ich alle E-Mails in diesem Ordner kurz überfliegen und überprüfen, welche Rückmeldungen mir noch fehlen und welchen ich an diesem Tag nachgehen muss.

Möglichkeit 2 – E-Mail mit Fälligkeitsdatum

Nehmen wir an, ich muss am Freitag nächster Woche eine Präsentation für einen Kunden fertigstellen, brauche dazu aber noch eine Rückmeldung von einem Kollegen. In diesem Fall gibt es für die Rückmeldung sogar ein Fälligkeitsdatum. Um an dem Freitag alles fertig zu haben, brauche ich die Rückmeldung bis Mittwoch. In diesem Fall kann ich die E-Mail wieder gleich beim Versenden in den Ordner „PE Warten auf" verschieben und zusätzlich eine Erinnerung für Mittwochabend setzen. Damit erscheint dann am Mittwoch in meinem Aufgabenfeld genau diese E-Mail.

So richten Sie Sie diese terminliche Nachverfolgung ein:

- Sie schreiben Ihre E-Mail.
- Sie klicken auf „Nachverfolgung" und dort auf „Benutzerdefiniert".
- Im Bereich „Für mich kennzeichnen" können Sie unter „Fällig am" den Tag auswählen. Ist dieser Aktionspunkt sehr wichtig und zeitkritisch, könnten Sie zusätzlich den Haken bei „Erinnerung" setzen. In diesem Fall bekommen Sie noch eine aktive Erinnerung an diese ausstehende Rückmeldung.

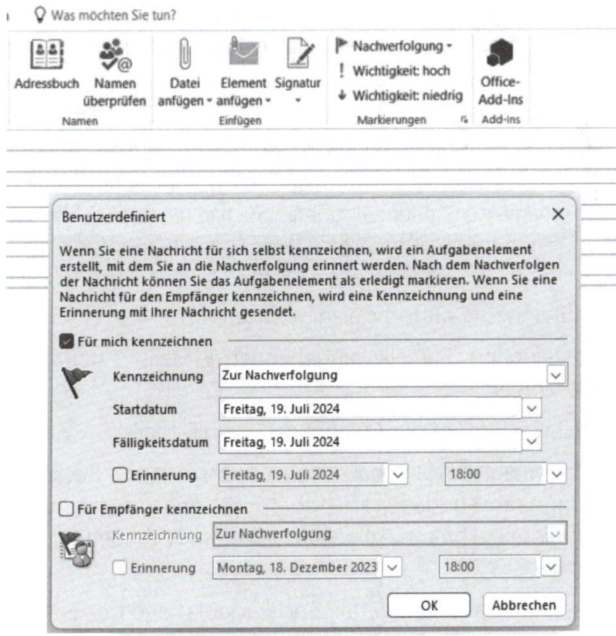

Wenige oder gar keine Ordner im Outlook

Vor ein paar Jahren habe ich noch für jeden Kunden und jedes Projekt einen eigenen Ordner angelegt und ich fühlte mich damit richtig gut strukturiert und aufgeräumt. Aber im Laufe der Jahre wurden die Ordner immer mehr und die Ablage brauchte immer mehr Zeit. Vielleicht kennen Sie auch diese Frage „In welchen Ordner lege ich die E-Mail am besten ab? Passen würden Sie in a, b und c".

Seminarteilnehmer schätzen, dass sie mehr als 80 bis 90 Prozent der abgelegten E-Mails nie mehr brauchen. Was war meine Konsequenz daraus?

Legen Sie so wenige Ordner wie möglich an, denn eine zu detaillierte Ordner-Struktur führt interessanterweise wieder zu höheren Suchzeiten, weil E-Mails thematisch in mehrere Ordner passen könnten.

Ich nutze heute nur sehr wenige Ordner:

- Posteingang: Für alle eingehenden E-Mails. Abends ist dieser leer!
- Archiv: Der zentrale Ablageort für alle E-Mails!
- Warten auf: E-Mails, bei denen ich noch auf eine Rückmeldung vom Kunden warte, aber nicht genau weiß, wann ich diese bekomme. So behalte ich diese wichtigen E-Mails im Blick.
- Lesen: Für alle Newsletter, Social-Media- und Co.-E-Mails
- CC: In diesen werden alle Nachrichten automatisch (per Regel) verschoben, in denen ich in CC stehe.

Wenn Sie ab heute mit einer neuen Ordner-Struktur starten möchten und vielleicht im Moment noch tausende E-Mails im Posteingang liegen haben, empfehle ich Ihnen, die Vergangenheit ganz einfach zu ordnen. Alle E-Mails aus dem „Posteingang" kommen in einen neuen Ordner „Posteingang Alt". Die fünf wichtigsten E-Mails kopieren Sie zurück in den Posteingang und starten dann ab jetzt mit Ihrer neuen Ablage-Struktur.

Wie sieht es mit Ihrer Ordner-Struktur aus?

Welche Ordner und welche Ordner-Struktur in Outlook sind für Sie sinnvoll? Arbeiten Sie im Team, sodass Sie die Struktur vielleicht auch mit den Kollegen abstimmen sollten?

E-Mails schnell ablegen

Falls Sie sich entscheiden sollten, dennoch eine umfangreichere Ordner-Struktur zu nutzen, finden Sie nachfolgend drei Optionen, wie Sie E-Mails schnell in den richtigen Ordner verschieben können.

Möglichkeit 1: Die QuickSteps

Sie haben bereits die QuickSteps kennengelernt. Diese können Sie auch nutzen, um E-Mails in einen festgelegten Ordner zu verschieben. QuickSteps bieten sich für die wichtigsten drei bis fünf Ordner an:

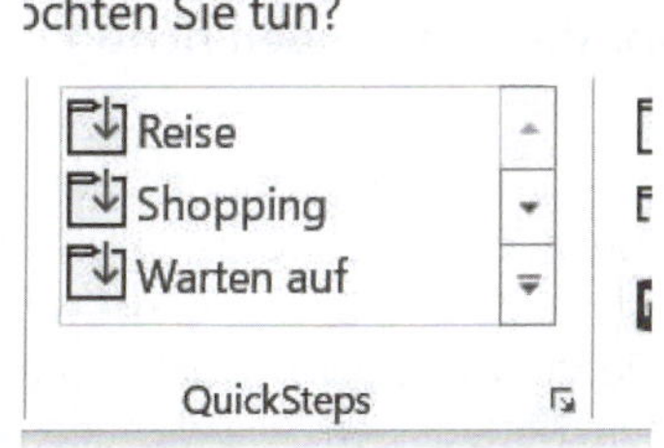

Möglichkeit 2: Die „Verschieben"-Funktion mit den Top 10

Im Start-Menü finden Sie die Funktion „Verschieben". Wenn Sie darauf klicken, erscheint eine Liste der zehn Ordner, die Sie zuletzt benutzt haben. Mit dieser kurzen Liste lassen sich viele E-Mails schnell verschieben:

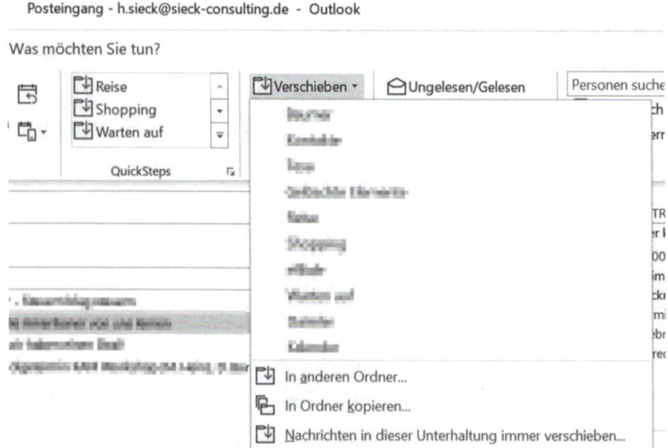

Möglichkeit 3: E-Mails vor dem Versenden richtig ablegen

Wenn Sie eine E-Mail schreiben und diese versenden, wird sie standardmäßig in den Ordner „Gesendete Objekte" verschoben. Das ist auch für viele E-Mails in Ordnung, die wir nicht ablegen brauchen. Wie zum Beispiel die berühmte E-Mail für die Abstimmung zum Mittagessen. Alle wichtigen

Projekt- oder Kunden-E-Mails gehören hingehen in den jeweiligen Ordner. Damit ergibt sich die Frage, wie Sie E-Mails bereits vor dem Versand mit wenig Aufwand in den richtigen Ordner verschieben.

Meine Empfehlung: Nutzen Sie die Schnellzugriffsleiste. Hier können Sie die Funktion „Gesendetes Element speichern unter“ hinzufügen und dann mit einem Klick öffnen.

So fügen Sie diese Funktion der Schnellzugriffsleiste hinzu:

- Öffnen Sie eine neue leere E-Mail. Das ist wichtig, da Sie sonst nicht an die richtige Schnellzugriffsleiste kommen.
- Klicken Sie auf den Menüpunkt „Optionen“.
- Gehen Sie auf den Befehl „Gesendetes Element speichern unter“ und klicken Sie auf die rechte Maustaste. Dann den ersten Befehl „Zu Symbolleiste für den Schnellzugriff hinzufügen“ auswählen.
- Jetzt erscheint dieser Menüpunkt bei jeder neuen E-Mail und auch bei allen E-Mails, die Sie beantworten oder weiterleiten.

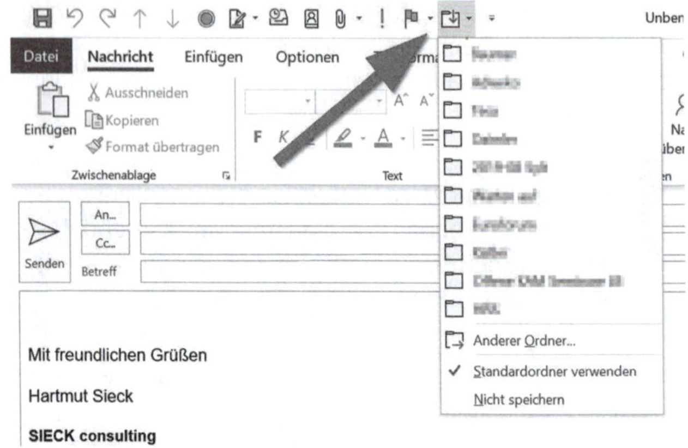

Betreffzeilen, E-Mail-Struktur und #kan für weniger Rückfragen

Betreffzeile

Kennen Sie das? Sie erhalten eine E-Mail von einem Kunden oder einem Kollegen mit dem Betreff „Anfrage", „Termin", „Test" etc. Wenn Sie davon zehn Stück im Posteingang haben, herzlichen Glückwunsch! Wenn wir auch die anderen nicht ändern können, so kann doch jeder von uns seine E-Mails ein Stück weit klarer und besser machen, sodass alle Empfänger Zeit und Nerven sparen können.

Nachfolgend drei Tipps mit großer Wirkung:

Die klare Betreffzeile bringt es auf den Punkt

- Aus „Protokoll" wird „Projekt A380 – Protokoll zu Statusmeeting 01.02.2024"
- Aus „Bitte um Rückmeldung" wird „Bitte Kalkulation/Angebot 4711 bis 14.03.2024 prüfen"
- Aus „Terminoptionen" wird „Terminoptionen KAM Training reserviert bis 31.03.2024"

E-Mail-Struktur

Eine klare E-Mail-Struktur hilft Ihnen, das zu bekommen, was Sie wollen. Vergleichen Sie bitte die folgenden beiden E-Mails:

Beispiel

E-Mail 1:

„Guten Tag Herr Müller,

für unser wöchentliches Vertriebsmeeting benötige ich mal wieder Ihre Unterstützung. Könnten Sie mir bitte die aktuellen Zahlen und Projektupdates aus Ihrer Vertriebsregion zukommen lassen?

Vielen Dank,

Ihr Hartmut Sieck"

> **E-Mail 2:**
>
> *„Guten Tag Herr Müller,*
>
> *für unser wöchentliches Vertriebsmeeting benötige ich mal wieder Ihre Unterstützung. Könnten Sie mir bitte folgende Informationen aus Ihrer Vertriebsregion zukommen lassen?*
>
> *1. Umsatz aktuelles Quartal*
>
> *2. Umsatzerwartung nächstes Quartal*
>
> *3. Gewonnene Projekte*
>
> *4. Verlorene Projekte*
>
> *Ihr Hartmut Sieck"*

Wenn Sie die beiden E-Mails vergleichen, werden Sie feststellen, dass die zweite Variante Sie mehr dabei unterstützt, die Informationen zu erhalten, die Sie eigentlich haben wollen. Außerdem führt die zweite Variante definitiv zu weniger Rückfragen.

Warum schreiben wir trotzdem so viele E-Mails in dem ersten Stil? Weil wir als Absender genau wissen, was wir brauchen und haben wollen. Daher ist es für uns zu selbstverständlich, als dass man es noch genauer beschreiben müsste.

#kan als Schlüssel für weniger E-Mails

Wie viele E-Mails bekommen Sie mit ganz kurzen Rückmeldungen, wie „Danke", „Ok", „Klasse" etc.?

Beispiel

E-Mail 1:	*Gehen wir heute zusammen in die Kantine?*
E-Mail 2:	*Gerne. Um 12 Uhr?*
E-Mail 3:	*Passt!*
E-Mail 4:	*Ich freu mich drauf.*

Es hört sich jetzt etwas kühl an, aber brauchen Sie wirklich die vierte E-Mail? Im schlimmsten Fall sehen Sie sich dann zur fünften E-Mail genötigt mit „Ich mich auch!“. Das Ergebnis sind unnötige E-Mails, die Zeit kosten und am Ende auch noch gelöscht werden müssen.

Diesen Tipp von Matthew Mockridge lege ich Ihnen sehr ans Herz:

Er nutzt eine kleine Zeile am Ende seiner Nachrichten, wenn er keine Antwort mehr haben möchte. Sein Text: „Keine Antwort notwendig“. Damit das schnell geht, können Sie einen Autotext dafür einrichten, sodass ein #kan ausreicht, um den Text komplett einzufügen.

Weniger E-Mails schreiben ist die Krönung

Gestatten Sie mir noch einen vierten Punkt hinterherzuschieben. Wer weniger E-Mails schreibt und wer weniger Menschen auf CC setzt, bekommt auch weniger E-Mails.

Eine E-Mail enthält nur ein Thema

Kennen Sie diese E-Mails, die drei Themen beinhalten und jedes Thema ist auch noch mit einer Aufgabe versehen? Die ersten beiden Themen und Aufgaben sind schnell erledigt, für den dritten Aufgabenblock braucht es aber noch eine Reihe von E-Mails, die hin und her gehen. Will jemand ein Thema und die Antworten dazu nach ein paar Monaten rekapitulieren, weist er sich selbst ins Irrenhaus ein, da er in vielen E-Mails immer nur Bruchstücke dazu findet. Damit Sie fokussierter arbeiten, besser den Überblick behalten können sowie weniger Suchzeiten benötigen, empfehle ich Ihnen eine einfache und klare Regel:

Eine E-Mail enthält nur ein Thema.

Das kann durchaus zu mehr E-Mails führen. Diese können dann aber wesentlich schneller und gezielter abgearbeitet werden.

Regeln für interne E-Mails

Stellen Sie sich vor, für einen Sachverhalt werden fünf bis zehn E-Mails hin- und hergeschickt. Braucht es wirklich in jeder E-Mail eine „höfliche" Anrede, à la „Hallo Horst", „Liebe Ingrid"? Jetzt wird der eine oder andere Leser aufschrecken und einwenden, dass das doch etwas mit Anstand, Respekt und Höflichkeit zu tun hat. Ich sage aber, um höflich und respektvoll miteinander umzugehen, braucht es keine Anrede. Und mit dieser Meinung bin ich nicht allein. Es gibt eine Reihe von Unternehmen, die klare E-Mail-Kommunikationsregeln aufgestellt haben. Wenn diese Regeln allen bekannt sind und sich jeder daran hält, sparen Sie viel Zeit.

Beispiele für Kommunikationsregeln

- *Bei internen E-Mails wird auf die Anrede verzichtet, um schneller auf den Punkt zu kommen.*
- *Die Betreffzeile startet mit einem Kürzel. So kann der Empfänger sofort erkennen, worum es in der E-Mail geht:*
  - *„I:" Info*
  - *„Q:" Frage*
  - *„T": Task bzw. Aufgabe*
- *Jede erste E-Mail passt auf einen Bildschirm.*
- *Alle Aufgaben stehen im oberen Drittel der E-Mail.*

Stellen Sie sich dazu die folgende Frage:

Übung

Welche Kommunikationsregeln haben Sie intern schon definiert?

Kleine Aufgaben brauchen einen klaren Fälligkeitstermin

Für große Aufgaben blocken wir uns Zeit im Kalender. Die Aufgabenliste enthält nur kleine Aufgaben und Erinnerungen. Früher gab es sehr häufig den Tipp, Aufgaben zu priorisieren. Das heißt, es gäbe Prio 1-, 2-, 3- oder Prio A-, B-, C-Aufgaben. Aus meiner Sicht ist das aber reine Theorie. Meistens endet so eine Klassifizierung darin, dass Sie trotzdem viele Prio-A-Aufgaben haben oder Prioritäten sich verschieben und Sie dann am Ende nur noch damit beschäftigt sind, Listen zu pflegen.

Große Aufgaben werden daher zu Terminen und kleine Aufgaben kommen auf die To-do-Liste. Diese kleinen Aufgaben bekommen dann aber ein klares Fälligkeitsdatum.

Für Ihre Aufgabenliste in Outlook empfehle ich Ihnen, alle Aufgaben mit einem Fälligkeitsdatum zu versehen. In Outlook lassen Sie sich dann auch nur die Aufgaben anzeigen, die am selben Tag fällig sind. Eine Liste sorgt für den schnellen Überblick und macht Sie am Ende auch wesentlich zufriedener, da Sie die Liste wirklich abarbeiten können.

Um Ihren Aufgaben ein Fälligkeitsdatum zu geben, gehen Sie bitte wir folgt vor:

Navigieren Sie die Maus in den Aufgabenbereich. Drücken Sie die rechte Maustaste und wählen Sie „Ansichtsoptionen" aus. Danach auf „Filtern…" klicken und im Reiter „Erweitert" die Filter entsprechend dem nächsten Bild angeben:

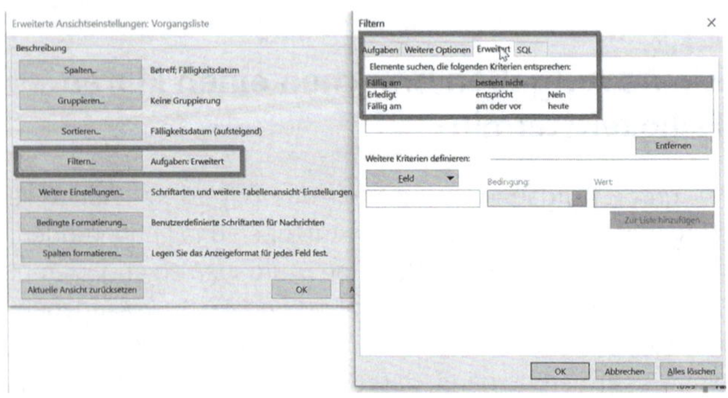

Die obige Darstellung gilt für das Outlook bis 2023. Im neuen Outlook verwalten Sie das Fälligkeitsdatum über die To-do-App bzw. über den Menüpunkt oben rechts „Mein Tag".

Wie sieht Ihre Aufgabenliste in Outlook aus?

- *Haben Sie wirklich nur kleine Aufgaben auf Ihrer Liste?*
- *Haben alle Aufgaben einen klaren Fälligkeitstermin?*
- *Handelt es sich bei Ihren Aufgaben wirklich um Aufgaben oder auch um Notizen?*

Eine gute Auto-Response-Nachricht schafft Klarheit

Es ist spannend, wie unterschiedlich heute die Auto-Response-Nachrichten aussehen. Klarheit in der Nachricht sorgt für weniger Nachfragen und Frust. Nachfolgend ein gutes Beispiel eines großen deutschen Konzerns:

Beispiel

Sehr geehrte Damen und Herren,

ich bin von xxx bis xxx nicht erreichbar, wegen

Urlaub, Krankheit	*[X] Mails werden weder gelesen noch weitergeleitet.*
Dienstreise	*[ ] Mails werden mit Verzögerung gelesen.*
Vertriebstagung	*[ ] Mails werden weder gelesen noch weitergeleitet.*

Kundenmesse	*[ ] Mails werden mit Verzögerung gelesen.*
Schulung/Seminar	*[ ] Mails werden mit Verzögerung gelesen.*

Es unterstützt Sie der Innendienst unter: xxx

E-Mail: xxx

Und die technische Anwendungshotline unter: xxx

E-Mail: xxx

Mit freundlichen Grüßen

Als Absender weiß ich jetzt, dass sich mein Ansprechpartner im Urlaub befindet oder krank ist und ich weiß auch, dass sich im Moment keiner um meine E-Mail kümmert (auch nach dem Urlaub nicht). Somit kann ich mich jetzt direkt an eine der angegebenen Vertretungen wenden.

E-Mail-Insolvenz nach dem Urlaub

Kennen Sie die Situation? Sie kommen aus dem Urlaub zurück und im Posteingang warten 100 bis 300 E-Mails auf Sie? Hier hilft die E-Mail-Insolvenz-Technik.

Dazu legen Sie einen neuen Ordner mit dem Namen „Urlaub" an und verschieben alle E-Mails in diesen Ordner. Anschließend lesen Sie die E-Mails in diesem Ordner quer und verschieben die fünf bis zehn E-Mails zurück in den Posteingang, die Sie heute bearbeiten müssen oder wollen. So starten Sie fokussiert und aufgeräumt in die Nachurlaubszeit. Haben Sie in den nächsten Tagen noch Zeit übrig, können Sie den Urlaubsordner weiter durcharbeiten.

Termine durch Outlook kürzen lassen

Spätestens seit Corona, springen viele von uns von einem Online-Termin in den nächsten.

Das Ergebnis: Wir fühlen uns gehetzt, gestresst und sind häufig unvorbereitet oder sogar zu spät im Termin.

Outlook kann die Termineinladungen direkt kürzen. Die kleinste Zeiteinheit ist normalerweise 30 Minuten. Mit der Kürzungsoption werden daraus 25 Minuten. Aus einem 2-Stunden-Termin werden 1 Stunde und 50 Minuten. Das schafft Ihnen einen kleinen Puffer, Zeit für einen Kaffee oder Toilettengang.

Um die Kürzungsoption zu nutzen, gehen Sie folgendermaßen vor:

Outlook bis 2023

- Im Menüband „Datei" auf „Optionen" klicken.
- Im Bereich „Kalender" die Option „Verkürzen von Terminen und Besprechungen" auswählen.

Das neue Outlook

- Oben rechts auf „Einstellungen" klicken.
- Im Bereich „Kalender" auf „Ereignisse und Einladungen" klicken.
- „Dauer für alle Ereignisse kürzen" auswählen.

Auf den Punkt gebracht

- Wer Benachrichtigungen ausschaltet, wird weniger abgelenkt und ist damit fokussierter.
- Jede E-Mail wird nur einmal angefasst und mit einer der 5 Optionen bearbeitet (gleich erledigen, löschen oder archivieren, delegieren, Termin blocken, Wiedervorlage).
- Outlook bietet Ihnen die Möglichkeit, mit Regeln Ihren Posteingang auf das Wesentliche zu reduzieren. CC-E-Mails, Newsletter, Systemupdates und Co. können Sie auch später anschauen.
- Mit QuickSteps können Sie mit nur einem Klick eine E-Mail in eine Aufgabe verwandeln, eine E-Mail in einen Ordner verschieben und vieles mehr.
- Textbausteine sparen viel Zeit, da Sie den Text nicht noch einmal schreiben und auch nicht überprüfen müssen.
- Wann immer eine E-Mail regelmäßig gebraucht wird, sparen Sie mit einer Outlook-Vorlage viel Zeit.
- Mit dem Ordner „Warten auf" behalten Sie den Überblick über alle offenen E-Mails.
- Ordner schaffen Übersicht – zu viele Ordner können aber auch wieder zu Zeitdieben werden. Finden Sie für sich die richtige Balance.
- Wer Ordner nutzt, sollte E-Mails gleich beim Versand in den richtigen Ordner ablegen.
- Klare Betreffzeilen und eine gute E-Mail-Struktur führen zu weniger Rückfragen und mehr Fokus.

- Jedes Thema braucht eine eigene E-Mail. Was sich augenscheinlich nach mehr Arbeit anhört, bringt Ihnen aber wesentlich mehr Klarheit.
- Unternehmensinterne Spielregeln für E-Mails bringen Geschwindigkeit (keine Anrede etc.).
- Große Aufgaben gehören in den Kalender.
- Kleine Aufgaben brauchen einen klaren Fälligkeitstermin.
- Eine gute Auto-Response-Nachricht schafft Klarheit.
- Lassen Sie Termine von Outlook automatisch kürzen. So werden Sie produktiver und gelassener.

OneNote als zentrales Notizbuch

Jeder von uns notiert sich Dinge. Egal, ob es Notizen vom letzten Seminarbesuch sind, Ideen, was man noch umsetzen könnte, der Trick, um ein PC-Problem zu beheben, ein Gutscheincode, ein Erfolgsjournal oder oder oder. Die Herausforderung dabei ist meist, dass wir die Notizen dann, wenn wir sie wiederfinden müssen, lange suchen. Der Grund dafür ist, dass wir nicht mehr genau wissen, wo wir diese eigentlich notiert haben. Ich empfehle Ihnen, sich auf ein zentrales Notizbuch zu konzentrieren und nicht mehrere Word-Dokumente, kleine Büchlein, Post-its und Ähnliches parallel zu verwenden. Um Suchzeiten zu minimieren, bietet sich ein elektronisches Notizbuch an. Ich persönlich bin ein großer Fan von OneNote von Microsoft. Dies möchte ich Ihnen anhand dieser sieben Gründe erläutern:

- Wer auf dem PC oder Notebook das Office-Paket nutzt, hat auch OneNote (und das ganz ohne Mehrkosten).
- OneNote ist hervorragend mit dem restlichen Office-Paket vernetzt. So können Sie mit nur einem Klick eine Notiz in OneNote zu einer Outlook-Aufgabe machen oder mit einem Klick aus einem Outlook-Termin eine Besprechungsnotiz erstellen.
- Über Apps können Sie OneNote auch auf dem iPad, iPhone und Co. nutzen und dank der cloudbasierten Speicherlösung so auf alle Notizen jederzeit zugreifen.
- OneNote ist teamfähig, sodass Sie es auch im Unternehmen als zentrale Wissensdatenbank nutzen können.

- Bilder lassen sich sehr leicht hineinkopieren und durchsuchen.
- Die Speicherung Ihrer Notizen erfolgt sofort und automatisch. Sie können es nie wieder vergessen.
- Es lassen sich verschiedene Vorlagen erstellen, die Sie dann im Notizbuch nutzen können (zum Beispiel mit fertigen Überschriften für Projektnotizen, Gesprächsprotokolle etc.).

Tagesnotizen immer im Blick

Wo halten Sie kurze Gedanken und To-dos fest? Die meisten von uns haben dazu einen kleinen Block, einen Schmierzettel oder auch umgangssprachlich „Fresszettel" auf dem Tisch liegen. Es ist wahnsinnig einfach, schnell mal etwas auf Papier aufzuschreiben. Aber gleichzeitig haben wir damit noch ein Stück Papier mehr auf dem Tisch herumliegen.

Ich nutze für diese Notizen die „schnellen Notizen" in OneNote. Das Besondere daran ist, dass Sie sich diese permanent auf dem Desktop anzeigen lassen können. D.h., die Tagesnotizen behalten Sie automatisch im Blick.

Bitte setzen Sie dazu vorab einen Haken in den Einstellungen:

- Menüpunkt „Datei", dann „Optionen" und im Bereich „Anzeige" den Checkpunkt bei „Neue Fenster für schnelle Notizen an der Seite des Desktops andocken" anklicken.
- Jetzt können Sie im Menüband „Anzeige" auf den Befehl „Neue schnelle Notiz" klicken und haben damit Ihre Notizen fest auf dem Bildschirm im Blick.

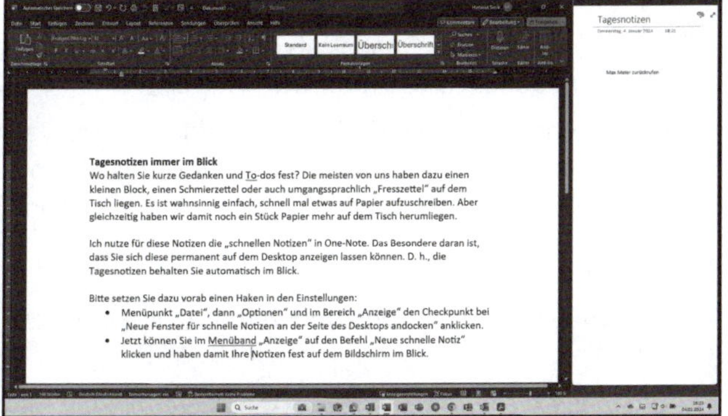

Eine Notiz wird zur Outlook-Aufgabe

Gemäß der 1er-Regel wollen wir nur einen Ort für die Aufgaben nutzen. Im OneNote halten wir Notizen fest und Outlook nutzen wir für die Aufgaben. Jetzt bleibt die spannende Frage, wie wir aus einer Notiz eine Aufgabe machen können.

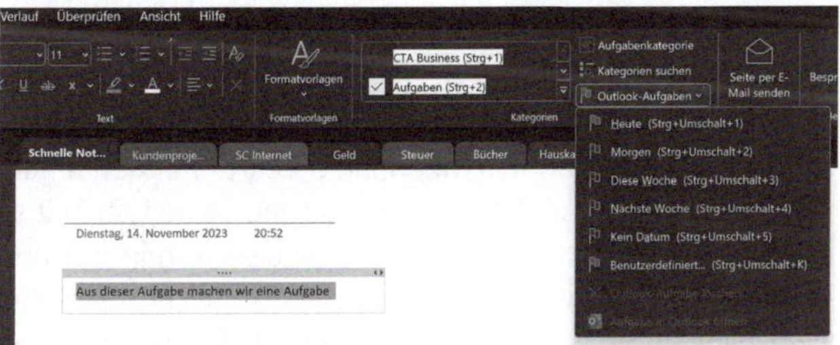

Dazu selektieren Sie den Text, den Sie in eine Aufgabe umwandeln möchten und klicken im Menüband auf den Befehl „Outlook-Aufgaben". Jetzt können Sie noch die Fälligkeit auswählen. Danach finden Sie in Outlook die passende Aufgabe. Wenn Sie diese im Outlook als erledigt markieren, fügt OneNote ein grünes Häkchen vor der Notiz ein.

Ich benutze bei dem Befehl „Outlook-Aufgabe" meist die Option „Benutzerdefiniert", weil ich so die Aufgabe noch umformulieren und somit wieder besser strukturieren kann.

> *Beispiel*
>
> *Notiz im OneNote: „Folgetermin mit Max Meier vereinbaren."*
>
> *Aufgabebezeichnung: „Projekt xxx: Folgetermin mit Max Meier vereinbaren."*

Besprechungsprotokolle mit einem Klick erstellen

Egal, ob Online-Besprechungen oder Präsenztermine, meist machen wir uns nicht nur ein paar Notizen, sondern erstellen sogar ein kleines Protokoll mit den wichtigsten Ergebnissen. Auch hier ist OneNote wieder ein perfekter Helfer.

Sie brauchen dazu nur eine neue Seite im OneNote aufmachen und klicken dann im Menüband „Start" auf den Befehl „Besprechungsdetails". Dort finden Sie jetzt eine Liste mit all Ihren Terminen von heute. Sie wählen den Termin aus und in OneNote erscheint bereits ein vorgefertigtes Protokoll mit allen Teilnehmern sowie dem Einladungstext. Jetzt brauchen Sie nur noch Ihre Notizen ergänzen und anschließend auf „Seite per E-Mail senden" klicken. Damit wird das Protokoll direkt an alle Teilnehmer per E-Mail verschickt.

Insbesondere in Online-Terminen teile ich meine Notizen direkt mit dem Kunden und wenn wir beide die Ergebnisse bestätigen, verschicke ich sofort das Protokoll. Damit verlässt das Protokoll als erstes den Raum (mehr dazu später) und ich habe keine Nacharbeit.

OneNote macht auch das Privatleben einfacher

OneNote gehört heute in fast allen Unternehmen zum Standard. Dazu beigetragen hat unter anderem, dass Notizbücher in OneNote auch in Teams geteilt werden können und somit jeder auf ein zentrales Notizbuch zugreifen kann. OneNote kann außerdem unser Privatleben vereinfachen.

Nachfolgend ein paar Beispiele:

- *OneNote als Kochbuch: Meine favorisierten Rezepte halte ich alle in OneNote fest. Dazu nutze ich auch die Möglichkeit, mit einem Klick ein Bild in die OneNote-Seite einzufügen. So kann ich jederzeit Ideen aus Kochbüchern übernehmen und habe meine wichtigsten Rezepte immer dabei (auch beim spontanen Einkauf).*
- *OneNote als Geschenkeliste: Gerade zu Weihnachten oder zu Geburtstagen stellen wir uns immer wieder dieselbe Frage: Was soll ich bloß schenken?*

  So spontan fällt uns dann oft nichts ein. Aber meistens haben wir im Laufe des Jahres sehr wohl Anregungen und Wünsche wahrgenommen. Ich halte diese Ge-

schenkideen auf einer Seite in OneNote fest und habe sie damit zur richtigen Zeit und überall griffbereit.

- *OneNote als Bedienungsanleitung: Kennen Sie diese Situation? Im Sommer müssen wir die Heizung auf Sommerzeit umstellen, aber wir haben wieder vergessen, wie man das im Menü genau einstellt. Gerade solche Sachen, die ich irgendwann mal wieder brauchen könnte, halte ich in OneNote fest.*

Auch bei persönlichen Notizen ist es ratsam, nicht den Fokus zu verlieren. Die Zentralisierung sämtlicher Notizen an einem Ort dient nicht nur der Organisation, sondern erleichtert auch den Zugriff und verhindert zeitraubendes Suchen. Das kann nicht nur im Privatleben wertvolle Zeit sparen, sondern auch helfen, sich besser zu strukturieren und effizienter zu arbeiten.

Bitte verzetteln Sie sich nicht! Alle Notizen an einem Ort zu halten, macht das Leben leichter und vermeidet Suchzeiten.

Auf den Punkt gebracht

- Das zentrale Notizbuch, welches Sie immer dabeihaben, heißt: OneNote!
- Schreiben Sie alle Gedanken gleich auf. So vergessen Sie nichts.
- Mit einem Klick lassen sich in OneNote Notizen zu Aufgaben umwandeln oder auch ein Protokoll erstellen.

Tipps zu Besprechungen

Besprechungen können wertvolle Arbeitszeit verschlingen, wenn sie nicht effektiv genutzt werden. In diesem Kapitel geht es darum, wie Sie Besprechungen besser strukturieren, um wertvolle Zeit zu sparen und das Beste aus ihnen herauszuholen. Erfahren Sie, wie Sie Ihre Meetings effizienter gestalten und sie produktiv und zielgerichtet nutzen können.

Nudge: Machen Sie Zeit sichtbar

Nudges, so nennt man die kleinen Helfer, die uns einen Schubs bzw. einen Anstoß geben, um Dinge besser zu machen. Einer dieser kleinen Nudges ist so simpel in der Umsetzung und dennoch so kraftvoll in seiner Wirkung. Wenn in einem Raum sichtbar ist, wie sehr die Zeit verrinnt, schenken wir der Zeit auch mehr Aufmerksamkeit. Eine Uhr an der Wand reicht dazu schon meist aus. Am besten bringen Sie die Uhr gleich neben der Leinwand an, sodass Sie bei Präsentationen auch immer die Zeit gleich mit im Blick haben. Chefs stellen auch gerne eine Sanduhr auf, drehen diese zu Beginn einer Besprechung um und signalisieren damit dem Besprechungsteilnehmer schon zu Beginn: „Ist der Sand durchgelaufen, ist ihre Zeit abgelaufen!“. Timer, wie sie standardmäßig auch auf Ihrem Notebook oder Ihrem Smartphone verfügbar sind, können ebenfalls genutzt werden.

In Online-Besprechungen nutze ich gerne die interne Timer-Funktion. So sieht jeder Teilnehmer, jede Teilnehmerin immer, wie viel Zeit uns für die aktuellen Agendapunkte bleibt.

So richten Sie die Timer-Funktion ein: Windows-Taste drücken und „Uhr" eintippen. Zeitgeber starten und das kleine Symbol oben rechts anklicken, um den Timer immer sichtbar zu haben.

11:30 Uhr und 17:30 Uhr sind die neuen Besprechungszeiten

Was passiert, wenn Sie eine Besprechung für 10 Uhr ansetzen, Sie noch Kaffee und Kekse servieren und der Raum auch noch beheizt ist? Richtig: Die Besprechung dauert bis 12 Uhr oder 12:30 Uhr. Warum gerade bis zu dieser Zeit? Der Grund ist so banal wie schlicht. Die Teilnehmer haben Hunger und wissen genau, dass es nach 12:30 Uhr in der Kantine nur noch Reste gibt. Lassen Sie sich jetzt auf ein kleines Experiment ein. Was passiert, wenn Sie Ihre Besprechung erst um 11 Uhr oder sogar erst um 11:30 Uhr starten? Wird die Besprechung dann auch zwei bis zweieinhalb Stunden dauern? Definitiv nicht! Interessanterweise wird diese Besprechung schneller und effizienter ablaufen, da alle eine klare Endzeit vor Augen haben.

Nutzen Sie „Randzeiten" gezielt, um mehr Geschwindigkeit in Ihre Besprechungen zu bekommen.

Die folgenden Randzeiten eignen sich für Besprechungen:

Beispiel

- *Kurz vor der Mittagspause*
- *Kurz vor dem Feierabend*
- *Freitagnachmittag*

Gerade regelmäßige Teamrunden neigen dazu, immer etwas länger zu dauern. Insbesondere wenn der Chef anwesend ist, meint jeder, sich noch einmal extra in Szene setzen zu müssen. Das Parkinsonsche Gesetz (also die Verkürzung der Besprechungszeit) in Kombination mit Randzeiten wirken hier Wunder.

Wie sieht es mit Ihren Besprechungen aus?

Für welche Ihrer Termine könnten Sie Randzeiten gezielt nutzen, um mehr Effizienz in die Besprechungen zu bekommen?

Ab jetzt nur noch im Stehen

Stellen Sie sich bitte die folgenden zwei Besprechungssituationen vor:

- *Variante 1: Jeder sitzt auf einem gemütlichen Stuhl bei Kaffee und Gebäck.*
- *Variante 2: Die Teilnehmer stehen an einer Theke oder direkt an einem Whiteboard. Kaffee wird auch hier serviert.*

Welches Setup wird schneller und sogar produktiver sein? Sie ahnen es schon, es handelt sich um die zweite Variante. Sie ist definitiv schneller, da keiner zwei Stunden im Stehen verbringen will. Sie ist außerdem produktiver, da wir aus der sitzenden Haltung ins Stehen übergehen und somit das Gehirn besser durchblutet wird.

Führen Sie Besprechungen auch im Stehen durch.

Sie werden erstaunt sein, in welch kurzer Zeit Sie sehr produktive Ergebnisse erzielen können.

Übung

Welche Besprechungen können Sie im Stehen durchführen?

Ab heute immer eine halbe Stunde kürzer

Erinnern Sie sich noch an das Parkinsonsche Gesetz? Dinge benötigen die Zeit, die wir ihnen einräumen. Das gilt auch für Besprechungen. Setzen Sie eine Besprechung für drei Stunden an, zieht sich alles künstlich in die Länge. Setzen Sie das gleiche Meeting bei gleicher Agenda auf lediglich eine Stunde an, so wird der Ablauf plötzlich wesentlich mehr Fahrt aufnehmen. Sie werden schneller auf den Punkt kommen. Nutzen Sie dann auch noch einen Timer, der die 60 Minuten wie bei einem Countdown runterzählt, kommt richtig Geschwindigkeit ins Spiel.

Übung

- *Überprüfen Sie insbesondere Ihre regelmäßigen Teamrunden und Besprechungen. Stellen Sie sich und den Teilnehmern bewusst folgende Frage: Was müssten wir ändern, wenn wir für unsere Besprechung nur noch die Hälfte der Zeit zur Verfügung hätten?*
- *Wie wäre es, wenn Sie in den nächsten Monaten einfach jede Besprechung um 30 Minuten kürzen würden?*

Die Einladung enthält Ziel und Agenda

Dieser Punkt sollte eigentlich so selbstverständlich sein wie das morgendliche Zähneputzen. Aber die Realität sieht auch hier häufig anders aus. Haben Sie auch schon einmal ein „Save-the-Date" im Kalender gehabt? Das ist auch in Ordnung, wenn der Termin noch in weiter Ferne liegt. Aber wenn dann vier Wochen vorher immer noch nicht klar ist, wo der Termin überhaupt stattfindet und was genau geschehen soll, halte ich das schon für kritisch. Denn spätestens jetzt nehmen die Rückfragen täglich zu. Und viele Rückfragen bedeuten weniger Produktivität!

An dieser Stelle würde ich gerne noch etwas taktischer werden:

Jede Einladung braucht neben den üblichen logistischen Eckdaten wie Ort, Start- und Endzeit drei wichtige Überschriften:

- Was genau ist das Ziel der Besprechung?
- Wie sieht die Agenda aus?
- Wer muss was zur Vorbereitung noch tun?

Diese drei Punkte können Sie direkt in jede Outlook-Einladung als Grundstruktur einbauen.

Übung

Wie sieht es mit Ihren Einladungen aus? Wie gut und wie strukturiert sehen Ihre Einladungen zu Terminen aus? Was können Sie hier noch weiter optimieren?

Nicht mehr als fünf Teilnehmer

Ich gebe ja zu, dass die Überschrift etwas extrem formuliert ist. Einen zusätzlichen Sauerstoffverbraucher im Raum zu haben, ist erst einmal nicht schlimm. Problematisch daran ist nur, dass die Komplexität von Meetings überproportional zur Anzahl der Teilnehmer steigt. Es gibt mehr Diskussionen, weil es einfach auch mehr Beziehungen und damit soziale Interaktionen zwischen den Teilnehmern gibt. Haben Sie schon einmal so ein klassisches Mammut-Teammeeting mit 10, 15 oder noch mehr Teilnehmern erlebt? Was passiert meistens? Es gibt ein bis zwei störende Seitengespräche, vier Teilnehmer daddeln am Handy oder Laptop rum und bearbeiten ihre E-Mails.

Wollen Sie viele Menschen über etwas informieren und brauchen dazu das Präsenzmeeting? Dann werden die zehn wichtigsten Botschaften knackig verpackt und innerhalb von 20 Minuten kommuniziert. Wenn Sie mit einer Besprechung aber wirklich ein Problem oder eine Frage lösen und Dinge erarbeiten wollen, dann brauchen Sie eine kleine schlagkräftige Truppe.

Termine fangen pünktlich an

Am 31.10.2015 veröffentlichte das Handelsblatt die Ergebnisse einer Befragung von Ovum zum Thema „Zeitfresser Meeting". Befragt wurden 4.000 Beschäftigte weltweit. Ein erschreckendes Ergebnis dabei war, dass Führungskräfte pro Jahr rund 139 Stunden oder 5,8 Arbeitstage produktive Zeit verlieren, weil Besprechungen zu spät anfangen. Wir reden noch gar nicht davon, ob die Besprechung überhaupt sinnvoll war. Wir verplempern schon Zeit ohne Ende, weil viele Besprechungen einfach unpünktlich starten.

Bei durchschnittlich etwas mehr als 200 Arbeitstagen verlieren wir allein sechs Tage, weil Besprechungen zu spät starten. Das kann nicht wahr sein!

Deswegen meine Empfehlung:

Wenn die Besprechung um 9 Uhr starten soll, dann machen Sie um 9 Uhr die Tür zu und starten. Auch wenn noch der Chef fehlt! Wenn jemand zu spät kommt und die Tür öffnen muss und die Besprechung auch schon läuft, bekommt jeder ein schlechtes Gewissen.

Wenn Sie das nicht machen, kommen die Zuspätkommer auch das nächste Mal zu spät (hat ja das letzte Mal auch geklappt) und die Pünktlichen kommen irgendwann auch zu spät – wozu sollen sie pünktlich da sein?

Gestatten Sie mir einen kleinen ketzerischen Seitenhieb auf die notorischen Zuspätkommer: Wie häufig haben Sie – weil so viel Stau war oder was auch immer – schon Ihren Urlaubsflieger verpasst? Noch nie? Wie kann das sein, dass Sie trotz Stau dann immer pünktlich sind, es aber zur beruflichen Besprechung nicht schaffen?

Protokolle verlassen als Erstes den Raum

Eine Besprechung ist gefühlt erfolgreich zu Ende gegangen und jeder geht wieder seiner Wege. Ein Protokoll wurde nicht erstellt, da ja jedem vermeintlich klar war, was er nach der Besprechung zu tun hat. Drei Wochen später treffen sich die Protagonisten wieder und Sie ahnen es wahrscheinlich schon: Es gibt Diskussionsbedarf. Jeder hatte seine eigene Interpretation von den Ergebnissen der letzten Besprechung, jeder hatte seine persönliche Interpretation der Arbeitspakete. Gemacht wurde nicht viel oder im schlimmsten Fall sogar doppelt.

Eine Besprechung ohne Protokoll ist wertfrei.

Wenn wir kein Protokoll brauchen, wozu brauchen wir dann eine Besprechung? Eine Besprechung benötigen wir immer dann, wenn wir komplexere Sachverhalte in einer Gruppe lösen müssen. Und damit braucht jede Besprechung auch ein Protokoll.

Aber haben Sie schon einmal ein Protokoll erstellt, es anschließend an die Teilnehmer verschickt und dann gab es trotzdem noch Diskussionsbedarf über die Inhalte? Um solche unnötigen, zeitraubenden Diskussionen zu vermeiden, gibt es eine einfache, aber sehr wirkungsvolle Technik. Das Protokoll wird bereits in der Besprechung oder zumindest am Ende der Besprechung an die Wand geworfen und jeder Teilnehmer gibt ein aktives „Ja" zu den Ergebnissen und den Aktionspunkten, wie sie an der Wand stehen. Danach drücken Sie auf Absenden und Verschicken das Protokoll – noch bevor Sie den Raum verlassen – an alle Teilnehmer. Das Protokoll verlässt als Erstes den Raum!

Sie können die notwendige E-Mail schon vorher vorbereiten oder Sie nutzen die sehr effiziente Möglichkeit von OneNote. Haben Sie die Einladung an die Teilnehmer per Outlook geschickt, dann können Sie aus Outlook eine OneNote-Besprechungsnotiz erstellen und anschließend wird mit einem Klick das Protokoll an alle Teilnehmer verschickt.

OneNote bereitet das Protokoll schon sehr gut vor. Ort, Titel, Teilnehmerliste etc. sind bereits automatisch erstellt worden. Sie brauchen nur noch die Ergebnisse und Aktionspunkte hinzufügen. Das OneNote-Protokoll wird per Beamer im Besprechungsraum an die Wand projiziert und verabschiedet. Anschließend drücken Sie oben rechts auf „Seite per E-Mail senden" und alle Teilnehmer haben das Protokoll. Noch einfacher geht es, wenn alle in einem Projektteam auf dasselbe

OneNote-Notizbuch zugreifen und damit keine Seiten per E-Mail mehr verschickt werden müssen.

Auf den Punkt gebracht

Besprechungen werden produktiver, wenn Sie

- eine Uhr oder einen Timer sichtbar im Raum anbringen.
- die Besprechung zu einer Randzeit (z. B. kurz vor der Mittagszeit) beginnen lassen.
- möglichst wenige Teilnehmer einladen.
- die Einladungen mit einem klaren Ziel sowie einer Agenda verschicken.
- das Protokoll bereits während der Besprechung erstellen und dieses am Ende des Termins direkt noch einmal von allen Teilnehmern bestätigen lassen.
- eine Besprechung immer pünktlich starten (auch wenn der Chef noch nicht da sein sollte).

Literaturempfehlungen

Allen, D. (2015). Wie ich die Dinge geregelt kriege: Selbstmanagement für den Alltag. München: Piper.

Förster, A./Kreuz, P. (2016). NEIN: Was vier mutige Buchstaben im Leben bewirken können. München: Pantheon.

Handelsblatt vom 31.10.2015. Artikel zur Befragung von Ovum zum Thema „Zeitfresser Meeting".

Keller, G. (2014). The One Thing: The Surprisingly Simple Truth Behind Extraordinary Results. London: Hodder & Stoughton.

Kreuter, D. (2013). Umsatz Extrem. Wien: Linde.

Kurz, J. (2014). Für immer aufgeräumt – auch digital: So meistern Sie E-Mail-Flut und Datenchaos. Offenbach: Gabal.

Lohmeier, L. (2023). Statista: Prognose zur Anzahl der täglich versendeten und empfangenen E-Mails weltweit von 2021 bis 2026.

Seiwert, L./Küstenmacher, W.T. (2016). simplify your life: Einfacher und glücklicher leben. Frankfurt: Campus.

Seiwert, L./Wöltje, H./Obermayr, C. (2017). Zeitmanagement mit Outlook: Die Zeit im Griff mit Microsoft Outlook 2010 – 2016. Heidelberg: dpunkt.verlag.

Tracy, B. (2004). Ziele: Setzen. Verfolgen. Erreichen. Frankfurt: Campus.

Stichwortverzeichnis

H

K

L

M

N

O

P

Q

R

S

T

Der Autor

Hartmut Sieck ist seit über 20 Jahren als selbstständiger Unternehmensberater, Redner, Trainer und Buchautor weltweit tätig. Der Umgang mit dem kostbaren Gut Zeit und die permanente Frage, wie er seine eigene Produktivität noch weiter steigern kann, beschäftigen ihn bereits seit seinen Studienzeiten. Er vereinfacht seine Prozesse kontinuierlich, lebt konsequent nach der 1er-Regel, ist bekennender Nein-Sager und Leertischler. Seit vielen Jahren teilt er seine Erfahrungen als Anwender von Zeit- und Selbstmanagement sowie Produktivitätstechniken in Seminaren und Vorträgen.

beck.de

ISBN Print: 978-3-406-81292-7
ISBN E-Book: 978-3406-81294-1

Wilhelmstraße 9, 80801 München
Druck und Bindung: Beltz Grafische Betriebe GmbH
Am Fliegerhorst 8, 99947 Bad Langensalza

Satz: Fotosatz Buck
Zweikirchener Straße 7, 84036 Kumhausen
Umschlag: Ralph Zimmermann – Bureau Parapluie
Umschlagbild: © vasabii777 – depositphotos.com

chbeck.de/nachhaltig

Gedruckt auf säurefreiem, alterungsbeständigem Papier
(hergestellt aus chlorfrei gebleichtem Zellstoff)